微观星球

显微镜下的奇妙世界
✦ 动物篇 ✦

主　编　吴成军

本册主编　刘伟华

编　者　刘伟华　罗彩珍　司世杰
　　　　孔佩佩　卢晓华　张新莲
　　　　窦向梅　刘　奕　吴成军

机械工业出版社
CHINA MACHINE PRESS

这是一本关于数码显微观察的套装图书，由生活篇、细胞篇、植物篇和动物篇组成，囊括59个主题。内容涉及生物、化学、物理等多个学科。本书用深入浅出、生动有趣的内容和令人惊艳的数码显微镜原创图片，为读者带来了微观世界的美和专业的科学知识。动物篇包括单细胞动物、无脊椎动物和脊椎动物，从微观的角度对它们的形态结构、生长、发育和生殖过程进行了介绍。

本书适合一线教师和广大微观爱好者阅读，也适合作为青少年的科普读物。

图书在版编目（CIP）数据

微观星球：显微镜下的奇妙世界.4，动物篇/吴成军主编；刘伟华本册主编. — 北京：机械工业出版社，2022.3（2024.5重印）
ISBN 978-7-111-70170-5

Ⅰ.①微… Ⅱ.①吴… ②刘… Ⅲ.①生物学–显微术–青少年读物 ②动物–青少年读物 Ⅳ.①Q-336 ②Q95-49

中国版本图书馆CIP数据核字（2022）第026255号

机械工业出版社（北京市百万庄大街22号　邮政编码100037）
策划编辑：卢婉冬　　　　责任编辑：卢婉冬
责任校对：王　欣　张　薇　责任印制：张　博
北京华联印刷有限公司印刷

2024年5月第1版第3次印刷
215mm×225mm・5.6印张・100千字
标准书号：ISBN 978-7-111-70170-5
定价：200.00元（共4册）

电话服务　　　　　　　网络服务
客服电话：010-88361066　机 工 官 网：www.cmpbook.com
　　　　　010-88379833　机 工 官 博：weibo.com/cmp1952
　　　　　010-68326294　金　书　网：www.golden-book.com
封底无防伪标均为盗版　机工教育服务网：www.cmpedu.com

前 言
PREFACE

微观星球　显微镜下的奇妙世界

　　微观世界是一个神秘的"国度"，在这个国度里有着众多的生物和微观粒子，它们形态多样、色彩斑斓，可惜我们用肉眼难以观察。显微镜的出现帮助我们打开了通往这个美丽国度的大门。四百多年前，第一台显微镜被制造出来，随后，"细胞"被看见。从此我们进入了一个崭新的微观世界，生物科学研究也随之进入了新的阶段。越来越多的科技工作者投身于显微镜的制作与改进，显微镜下的世界也越来越丰富多彩。时至今日，随着图像处理和液晶显示的广泛应用，数码液晶显微镜凭借其能对图像进行实时显示拍照、摄像并保存等优点，获得了广泛的应用。数码液晶显微镜极大地提升了观察的效率和质量，让使用者在体验快捷和方便的同时，收获满满的喜悦和成就感。

　　基于数码液晶显微镜的观察，我们编写了《微观星球　显微镜下的奇妙世界》一书，这本套装书分为《生活篇》《细胞篇》《植物篇》和《动物篇》四个分册，展示微观世界科学之美的同时，带给大家一场惊艳的视觉盛宴！

　　《生活篇》紧密联系我们日常接触的环境，如水体中、空气中甚至人体中生活着哪些微小的生物？它们怎样运动？真菌孢子是怎样释放的？如何辨别植物细胞中作为能源物质的淀粉和脂肪？如何区分人体的三种血细胞？红细胞有何特点？血型与输血的关系是什么？我们常食用的食盐、白糖和味精的真面目是怎样的？把常见的化学反应搬到显微镜下会有什么不同？这里将给出满意的答案！

　　《细胞篇》介绍了植物和动物的细胞结构和组成物质，让读者了解细胞结构与功能，以及与环境相适应的自然法则。细胞具有颜色的秘密是什么？水绵的叶绿体是如何起源的？植物的保护组织、营养组织细胞分别有什么特点？运输水分的导管是不是像水管一样？气孔有哪些功能？相邻植物细胞间如何进行信息交流？植物细胞、人体及动物细胞吸水和失水的方式相同吗？植物细胞是一动不动的吗？细胞是如何进行分裂的？花粉长什么样？它是如何形成的？内容专业又有趣！

《植物篇》按照藻类、苔藓、蕨类和种子植物的进化顺序，主要介绍了植物的部分营养器官（结构）和生殖器官（结构）。绿藻水绵与其他藻类相比，其特殊之处是什么？苔藓的孢子体和蕨类的孢子囊区别有多大？爬山虎是靠什么攀爬的？植物表面的表皮毛有什么作用？此中内容令人耳目一新！

《动物篇》从认识单细胞动物开始，到无脊椎动物和脊椎动物，从微观的角度了解动物的形态结构、生长、发育和生殖过程。你见过昆虫新生命的绽放和蜕变吗？你知道动物的各种生存神器吗？果蝇作为生命科学研究的模式生物有哪些独特之处？被称为"生命长河"的血液是怎样流动的？在这里你将会有熟悉的感觉和意外的收获！

对于显微镜下的景观，目前只有零散的一些照片流传于网络中，主题不够鲜明，科学性和系统性也不强。与之相比，这本套装书是不可多得的科普书籍，在国内实属首创，有如下特点：

（1）画面精美。书中的图片绝大多数为数码液晶显微镜所拍，皆为原创，张张惊艳，展现微观世界的精彩，令人赞叹。

（2）内涵丰富，涉及面广。生物、化学、物理、数学、艺术等多学科融合，有一定的系统性。

（3）科学和实用。按不同的环境、不同的分类方法和不同的观察对象编排，具有较强的科学性和实用性，能为一线的教师和科学研究者提供参考。

（4）专业和科普。不仅有"美"，还有"科学"，每一篇目内容都有专业知识的渗透和拓展，深入浅出，生动有趣，易被广大读者接受，具有很强的科学普及价值。

当我们徜徉在充满魅力的微观世界时，不知不觉中就如海绵一般吸取科学浩瀚海洋中的知识，充实自我，收获自信。

微观美景让人流连忘返，让人感觉生命的神奇与美丽，给我们带来了探究自然的兴趣和动力，也给我们带来了许多的美好和快乐！希望读者能从中深受启发，从而乐于探究自然的奥秘，发现自然之美。

本书在编写过程中力求内容准确无误，为此参阅了大量的文献，但由于时间仓促和我们水平有限，难免出现疏漏和错误，欢迎广大读者批评指正，在此一并感谢！

感谢机械工业出版社科普分社的赵屹社长和卢婉冬副社长，正是他们的鼓励和支持，才让我们有勇气和毅力完成这项任务繁重的工作。书中有大量的图片，编辑和排版任务繁重，在责任编辑的积极策划和精心的工作下，这本套装书得以高质量出版，对他们致以诚挚谢意。

吴成军

2022 年 3 月于北京

目 录

前言

01 神奇的动物世界——动物的杀手锏 / 001

02 单细胞生物中的环保能手——草履虫 / 010

03 长生不老的水中杀手——水螅 / 016

04 石块下的超级再生者——涡虫 / 022

05 遗传学的功臣——果蝇 / 028

06 生命的绽放——蝴蝶卵的孵化 / 034

07 天线般的鼻子——昆虫的触角 / 039

CONTENTS

08 会飞的花朵——蝴蝶的鳞翅 / 047

09 炫彩的铁甲——甲虫的鞘翅 / 054

10 会更新的铠甲——虾的外骨骼 / 062

11 吸血者的武器——蚊的头部结构 / 070

12 吸血者的防水秘籍——蚊的胸部和腹部结构 / 076

13 天然潜水服——鱼鳞 / 081

14 鸟儿翱翔的利器——羽毛 / 090

15 动物体内的高速公路——血管 / 100

01 神奇的动物世界
——动物的杀手锏

动物世界是丰富多彩的!

蜜蜂跳舞,蜻蜓点水,孔雀开屏,章鱼将自己的整个身体塞进瓶子里,变色龙根据环境的变化变换着各种颜色……动物作为大自然中非常活跃的成分,在复杂变幻的自然界中生长和繁殖,它们要捕食、要竞争、要逃避天敌的捕杀……它们要生存!每种动物都有其特有的生存环境,面临着不同的生存挑战。在长期的自然选择过程中,动物们拥有了各自的杀手锏!这些杀手锏常常吸引我们,让我们感到有趣、神奇,甚至不可思议!

钟虫的"弹射大招"

这个像铃铛一样的小动物就是钟虫(图1-1),它是单细胞生物,一个细胞就可以完成摄食、繁殖等一系列生命活动。

钟虫生活在池沼中,一端固着在水草等其他物体上,另一端可以自由活动。相比于草履虫、变形虫等游离生活的单细胞动物,固着生活的钟虫生存空间具有局限性,摄食的范围也相对有限,在这样的环境下,它能及时躲避敌害,能吃得饱吗?

答案是肯定的,钟虫虽然不如其他游离生活的单细胞动物自由,但是它有自己的杀手锏——"弹射大招"!当危险来临时,钟虫会全身收缩,完美地做好隐蔽工作。当遇到食物时,它又会迅速"弹射"出去,美餐一顿(图1-2)。

"弹射大招"很好地弥补了钟虫固着生活的不足,让它得以在池沼中"绽放"。

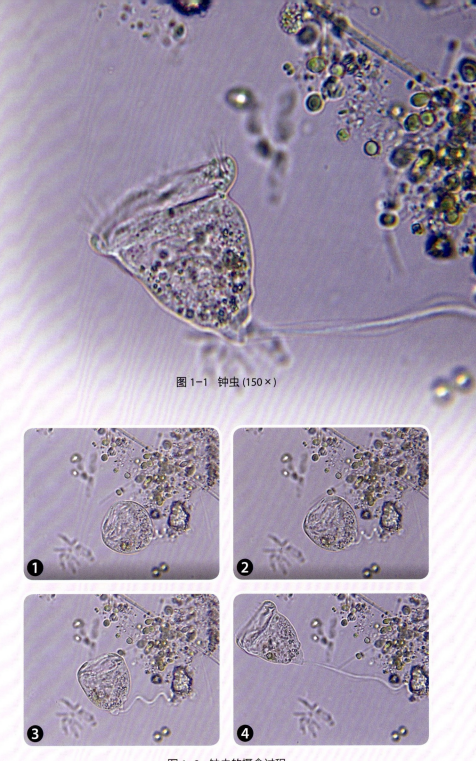

图1-1 钟虫(150×)

图1-2 钟虫的摄食过程

蚯蚓的刚毛

蚯蚓身体细长,由很多体节组成,是典型的环节动物。

你认真观察过蚯蚓吗?蚯蚓体表湿润,摸起来感觉滑滑的,那它行动起来岂不是"脚底抹油",无法前行?但是事实上蚯蚓是蠕动前行的,这要归功于它运动方面的杀手锏——刚毛!蚯蚓接近地面的一侧摸起来相对粗糙,放大来看,粗糙的区域有一根根"短刺",这就是蚯蚓的刚毛(图1-3)。

雨后,我们总能看到蚯蚓在地面上蠕动前行。在蠕动的过程中,可以看到蚯蚓体节长短粗细的变化,这其实是由肌肉的收缩和舒张实现的,但是仅仅依靠肌肉的收缩和舒张提供动力,蚯蚓是不能蠕动前行的,还需要刚毛来辅助运动。有了刚毛的存在,蚯蚓的体壁和地面的摩擦力就会增大,这时肌肉进行有规律的收缩和舒张,蚯蚓就可以蠕动前行了(图1-4)!

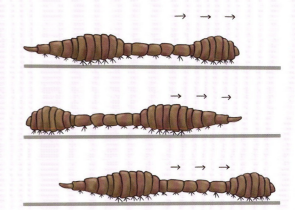

图1-4 蚯蚓运动模式图

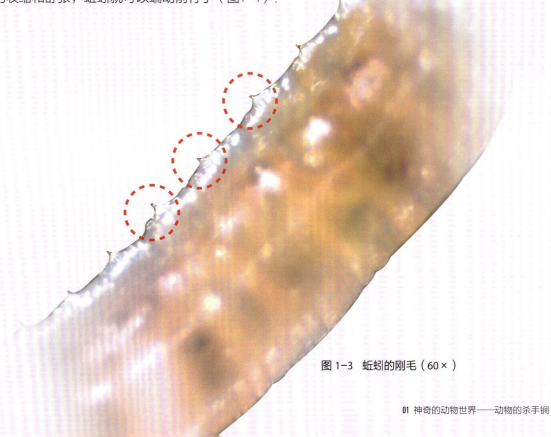

图1-3 蚯蚓的刚毛(60×)

毛毛虫的毛

毛毛虫是蝴蝶、蛾等鳞翅目昆虫的幼虫，没有翅膀、行动缓慢。对于毛毛虫来说，活下来是一项重要的任务，也是一项严峻的挑战！还好，毛毛虫在防卫方面有着自己的杀手锏——刚毛（图1-5）。

刚毛是毛毛虫体表的毛状结构，正是因为刚毛的存在，我们总是对毛毛虫心存忌惮，不敢随意触碰。一旦被蜇伤，我们的皮肤就会变得红肿，同时会感到又痛又痒，这就是刚毛的"杰作"！很多毛毛虫的刚毛是有毒的，当毛毛虫感到危机来临时，它就会用自己的刚毛刺向敌人，保护自己。

被毛毛虫蜇伤了怎么办呢？

千万不要抓挠，否则会加重伤势！正确的方法是及时清理残留在皮肤上的刚毛，然后涂抹相关的药膏，如果出现持续的红肿、发热等症状，一定要及时就医！

图1-5 毛毛虫的刚毛（150×）

蜻蜓的翅

你捉过蜻蜓吗？在捉蜻蜓的过程中，你观察过蜻蜓是怎么飞行的吗？

蜻蜓是生活中常见的昆虫，体形与飞机十分相似，翅发达，膜质，网状翅脉（图1-6）极为清晰。

蜻蜓在空中飞行的姿态十分优雅，能够变换各种姿势，有时候短距离飞行，有时候向前滑翔、回转，还有时候垂直向上……蜻蜓的飞行动作简单，仅靠两对翅膀不停地拍打，通过翅膀振动就可产生不同于周围大气的局部不稳定气流，并利用气流来使自己上升。

我们说蜻蜓的体形像飞机，飞机和蜻蜓有什么关系呢？蜻蜓翅的前缘，各有一块深色的角质加厚区——翅痣（或称翼眼）（图1-7），呈长方形，可以帮助蜻蜓缓解飞行时翅膀颤振带来的危害。飞机在高速飞行时，常会产生剧烈振动，甚至有时会折断机翼引起飞机失事。为解决这一问题，科学家根据蜻蜓的翅痣在飞机的两翼加上了平衡重锤，解决了飞机高速飞行时会产生剧烈振动这一棘手问题。

图 1-6 网状翅脉（30×）　　　　　　　　　图 1-7 蜻蜓的翅痣

图 1-8　壁虎的足（15×）

壁虎的足

　　说到壁虎，你可能最先想到的是它受到惊吓后的自割行为（尾巴立即折断），断掉的尾巴留在原地摇摆以迷惑敌人，而此时壁虎借机逃走。这一行为是它逃生的"绝活"，同时以最快的速度"溜之大吉"也是它必备的技能！自割之后，壁虎要迅速逃走，在这个过程中，它的足起到了关键的作用（图1-8）。

　　壁虎的指、趾端扩展，其下方形成皮肤褶襞，一行行的褶襞上密布白色的腺毛，这些腺毛有黏附能力，以保证壁虎在墙壁、天花板或光滑的平面上迅速爬行，甚至"飞檐走壁"这样的高难度动作它也能应对自如，在遇到危险时，得以安全脱身。

鱼的鳃

为什么我们不能在水中呼吸,而鱼却可以在水中畅游?这其中的关键就在于我们不能有效地利用水中的氧气,而鱼可以,这要归功于它在呼吸方面的杀手锏——鱼鳃。鱼鳃是鱼的呼吸器官,由鳃弓、鳃耙和鳃丝组成,其中鳃丝(图1-9)是进行气体交换的主要部位。

在显微镜下,可以清晰地观察到一根根平行排布的鳃丝(图1-10),每根鳃丝上都有许多较小的栅板,其中密布血管。

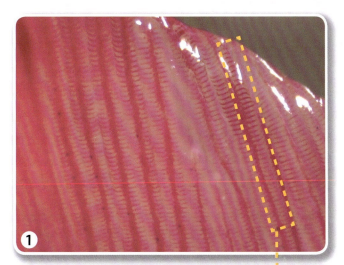

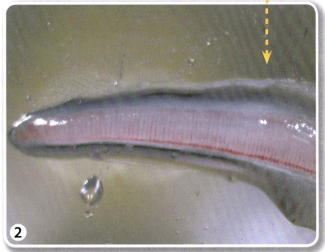

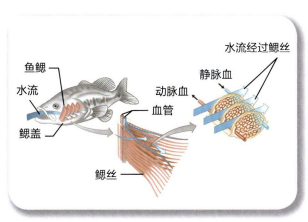

图1-9 鳃丝的结构

图1-10 鲫鱼的鳃丝(① 60×;② 150×)

通过这样的结构,鳃丝大大增加了与水的接触面积,同时也扩大了血管的分布,为鱼在水中呼吸提供了绝对的优势条件。

通过观察鳃丝的颜色可以判断鱼的新鲜程度,买鱼的时候,如果你发现鱼的鳃丝已经暗红,甚至发黑,那就说明这条鱼已经不新鲜了,再重新挑选一条吧!

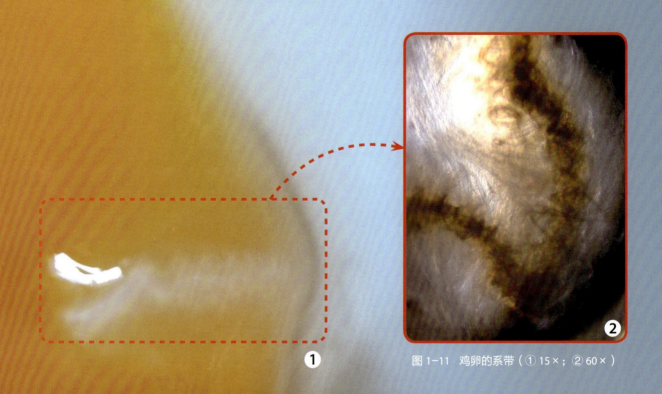

图 1-11 鸡卵的系带（① 15×；② 60×）

鸟卵的系带

鸟相比于鱼、两栖动物、爬行动物等其他卵生动物，已经有了孵卵行为。为了保证鸟卵的正常孵育，鸟需要有规律地翻动鸟卵。在翻动鸟卵的过程中，如何保证卵细胞持续处于鸟卵的中央位置呢？在这方面，鸟有自己的杀手锏——鸟卵的系带。

系带位于卵细胞两侧，就像两条绳索牢牢稳固住卵细胞，不论鸟卵如何翻动，系带的存在都能够保证卵细胞一直处于鸟卵的中央位置。这样一来，不仅可以保护卵细胞，还能让卵细胞充分接触卵白中的营养物质，确保胚胎在发育过程中一直处于稳定的温度，为鸟卵的顺利孵化做好准备。

新鲜的鸡蛋系带是完整、牢固的，我们摇动鸡蛋，感觉不到明显的晃动；如果感觉到了明显的晃动，甚至感觉到了液体流动，那说明这枚鸡蛋已经变质了（图1-11）。

刺猬的棘刺

刺猬是小型哺乳动物，体长不超过25厘米，行动迟缓，喜欢在夜间活动。虽然刺猬在攻击方面处于劣势，可是它却十分懂得如何保护自己。

成年刺猬的体背和体侧满布坚硬的棘刺（图1-12），这是它保护自己的杀手锏。

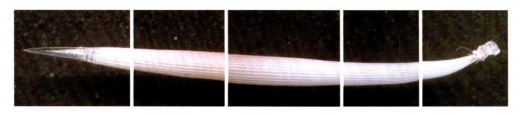

图 1-12　刺猬的棘刺（30×）

棘刺是刺猬的毛特化形成的，这些棘刺又短又粗，十分坚硬。一只成年刺猬身上的棘刺有五千多根，甚至更多，当刺猬遇到危险时，它的头会朝腹面弯曲，身体蜷缩成一团，包住头、腹部、四肢等没有棘刺的区域，好像一个刺球，使敌人无从下手（图1-13）。

棘刺的保护作用不仅如此，聪明的刺猬会在棘刺上沾上某些有毒的物质，以增强自己的防御能力。更神奇的是，当它发现周围的环境中存在有气味的植物时，刺猬会咀嚼这些植物，然后将咀嚼物吐到自己的棘刺上，这样一来，自己与环境的气味就保持一致了，更加不易被敌人发现。

看了这些动物的杀手锏，你有没有感受到动物的智慧？你还知道哪些动物有杀手锏呢？海蜇的触角、章鱼的"吸盘"、螃蟹的"大钳子"……有的为我们所熟知，有的还等待我们去发现，这就是大自然中蕴含着的无穷奥秘吧！让我们一起学习，一起探索，一起尝试着揭开这一张张神秘的面纱！

图 1-13　蜷缩成团的刺猬

02 单细胞生物中的环保能手
——草履虫

绿水青山就是金山银山！生态环境的变化潜移默化地影响着我们每一个人，影响着世界上每一个生命，环保已经成为我们守护"地球村"的重要使命。在完成这项使命的过程中，草履虫作为"环保能手"发挥着至关重要的作用！

人体约由10^{14}个细胞构成，每个细胞各具特色、各司其职、共同合作，以完成我们的生命活动。和人体一样，国宝大熊猫、路边的毛白杨、池中的荷花、草丛中的蘑菇等生物的生命活动，都需要许多细胞一起配合完成，它们都是多细胞生物。然而，在自然界中，还有一些生物的个体仅由一个细胞构成，我们称这类生物为单细胞生物，"环保能手"草履虫就是典型的单细胞生物。

草履虫生活在淡水中,身长约 0.2 毫米。用肉眼观察,水中的草履虫是针尖一般的小白点;借助显微镜可以观察到,草履虫像极了一只倒置的草鞋底,这也正是它名字的由来。

草履虫的结构简单(图 2-1),虽然只有一个细胞,但依然可以顺利完成呼吸、运动、摄食等一系列生命活动。

这样一个小小的细胞,如何在"地球村"这个大环境中脱颖而出,成为"环保能手"呢?

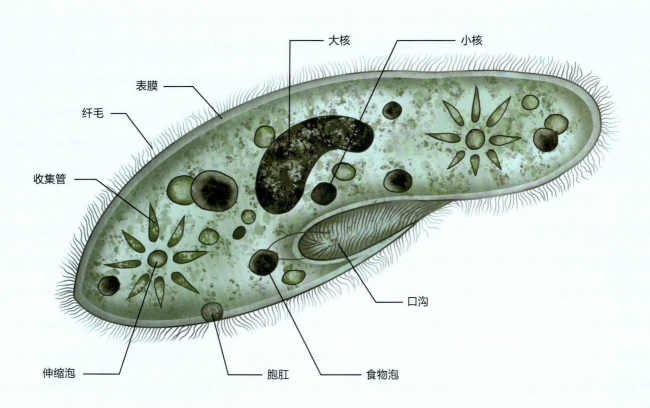

图 2-1 草履虫结构模式图

低耗能的"标杆"——草履虫的运动

草履虫的全身布满纤毛,靠纤毛的摆动在水中旋转前进(图2-2)。

草履虫的游动速度惊人,1秒行进的距离相当于自身体长的10倍!不仅如此,它还能进退自如,迅速躲避障碍,最关键的是,整个运动过程耗能极低。草履虫的运动方式引起了科学家的关注,仿生学家正在以此为依据研制快速、敏捷、低耗能的舰艇。

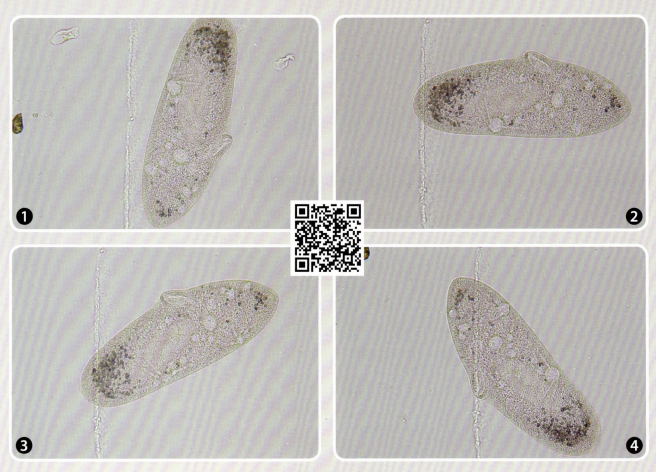

图2-2 草履虫的运动(100×)

净化水质——草履虫的摄食

草履虫体表的纤毛不仅与运动密不可分,还与摄食有关。

在草履虫身体的一侧,有一条凹入的口沟,其内密布纤毛,纤毛摆动时可以把食物摆进口沟。食物由口沟进入草履虫体内后会形成食物泡,食物泡在固定的路径中边运动边消化,不能消化的残渣最后由草履虫的胞肛排出体外(图2-3)。

草履虫以水中的细菌、单细胞藻类为食。一只草履虫每小时大约能形成60个食物泡,每个食物泡中大约含有30个细菌,这样算起来,每只草履虫一天能吞食40000多个细菌,因此草履虫对水体除菌和提升水质起到了重要的作用。与此同时,以单细胞藻类为食的草履虫对于治理水体富营养化也具有非凡的意义,采用草履虫进行生物除藻可以避免对水体的二次污染,效果十分显著。

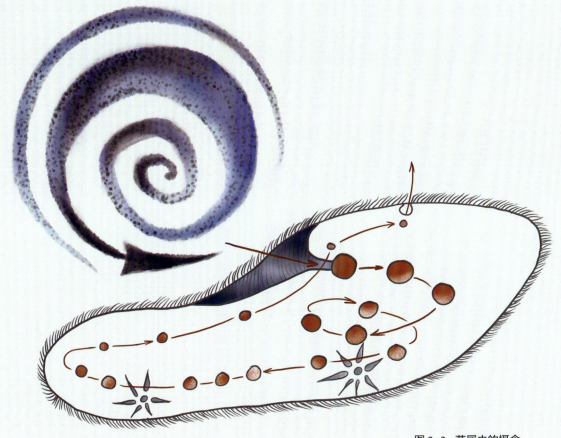

图2-3 草履虫的摄食

水质检测——草履虫的应激性

草履虫虽然没有神经系统，但是仅仅依靠一个细胞也可以趋利避害，对外界刺激做出相应的反应，这就是草履虫的应激性。

在缺水的环境下，草履虫的表膜边缘会鼓起很多小泡（图2-4），如果及时补充水分，草履虫体表的这些小泡就会逐渐脱落，这样草履虫又可以恢复到正常状态。

如果向草履虫培养液的一侧滴加红墨水，可以观察到草履虫立即旋转前进，"逃之夭夭"（图2-5）。

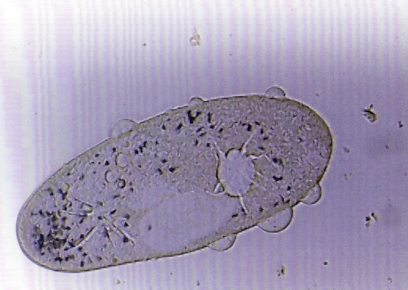

图 2-4 草履虫缺水（150×）

图 2-5 草履虫避开红墨水（150×）
注：箭头表示草履虫的运动方向

当草履虫难以逃脱、被红墨水淹没时，它就开始打转，同时身体变得圆滚滚的，草鞋底的形态也逐渐改变，并且在表膜边缘鼓起多个小泡，体内结构逐渐变得模糊而混为一体，最后草履虫的表膜破裂，细胞内容物流出，草履虫解体死亡（图2-6）。

无论是缺水的状况，还是滴加红墨水，对草履虫来说都是有害刺激。草履虫作为单细胞生物，对外界最初的反应是身体出现很多小泡，就像是一种紧急提示：有情况！遇到危险！如果有害刺激及时得到缓解，草履虫就可以脱掉这些小泡恢复正常状态；但如果不能去除有害刺激，草履虫的表膜结构就会遭到破坏，随后身体内容物流出而死亡。

面对外界环境的变化，草履虫会做出反应来应对。相对于多细胞生物，草履虫对环境改变的应对能力是十分有限的，但这却对环保工作者进行水质检测具有重要的参考价值。草履虫对外界环境变化超高的敏感度，使之成为进行水质检测的不二之选。

运动方面，高效节能，让草履虫成为环保的"标兵"；捕食方面，食菌食藻，让草履虫成为环保的"帮手"；应激方面，敏感脆弱，让草履虫成为环保的"信号灯"！草履虫，一个个针尖般大小的生命，在水中快乐地旋转着，诠释着生命的神奇！

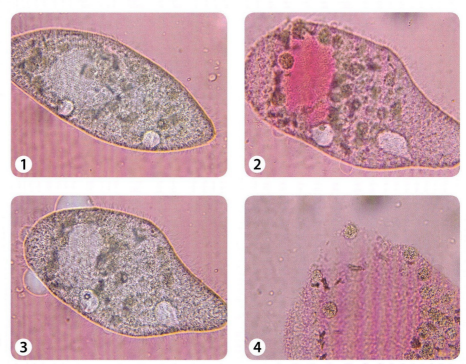

图2-6 红墨水中的草履虫
（①初遇红墨水；②形态改变；③表膜破裂；④身体解体，600×）

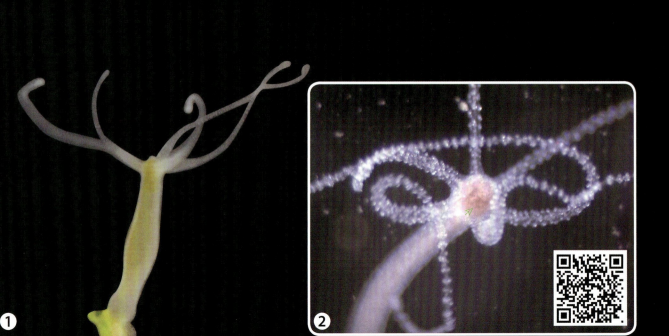

水螅是常见的腔肠动物，通常生活在水流缓慢、水草繁茂的清澈淡水中。水螅体形很小，约1厘米，有触手、口和消化腔（图3-2）。它的身体只能够分出上下，分不出前后、左右和背腹，呈典型的辐射对称（经过身体纵轴可以有多个切面将身体分成对称的两部分），这样的身体构造便于它感知周围环境中来自各个方向的刺激，以便更好地进行防御和获取猎物（图3-3）。

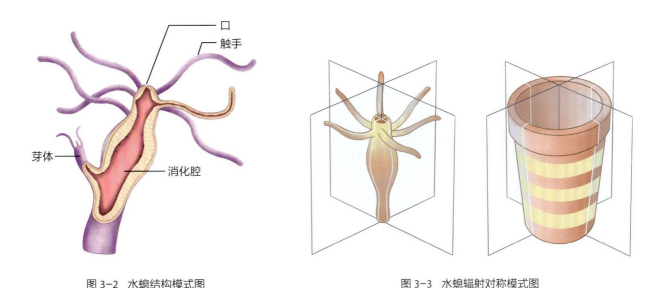

图3-2 水螅结构模式图　　　　　　　　　图3-3 水螅辐射对称模式图

水螅与我们常见的活蹦乱跳的小动物不同，它是固着生活的，下端有基盘着生，可以固着在水草或石头上。别看它体形小，它可是肉食性动物。那么，固着生活的水螅是如何捕食的呢？

从它身边路过的水蚤等小动物是它捕食的对象，如图3-4所示，水螅的捕食过程大致可以分为：捕捉、摄入、消化和排遗。

图3-4 水螅的捕食过程（15×）

捕捉

雄鹰张开利爪捕捉草原上的老鼠，青蛙伸出舌头捕捉池塘边的苍蝇，翠鸟利用喙捕捉水中的鱼儿……每种动物都有其特殊的捕食方式，水螅捕食依赖它口周围的长鞭状结构——触手。

触手是水螅捕食的利器，每个水螅具有5~12条触手，这些触手可以单独向水蚤发出进攻，也可以共同发出总攻，最终将水蚤"收入囊中"（图3-5）。

相对于水螅，水蚤的运动能力很强，因此，如何有效地束缚水蚤的运动是水螅捕食的关键。在这里，水螅采用了一种非常有效的方式——麻醉，水螅的"麻醉枪"便是刺细胞（图3-6）。

图 3-5　水螅捕捉水蚤（60×）

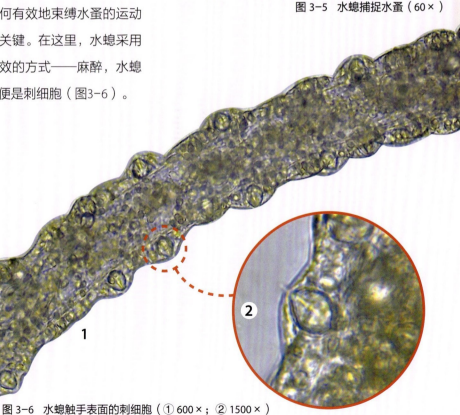

图 3-6　水螅触手表面的刺细胞（① 600×；② 1500×）

每条触手表面都布满刺细胞，刺细胞的杀伤性很强，内部含有长长的带有毒液的刺丝。平静状态时，刺丝卷曲在刺细胞内，遇到水蚤时，刺细胞中的刺丝会弹出，扎入水蚤体内，释放毒液，逐步将其麻醉（图3-7）。同时所有的触手齐心协力，共同困住水蚤，牢牢地将水蚤束缚住（图3-8）。

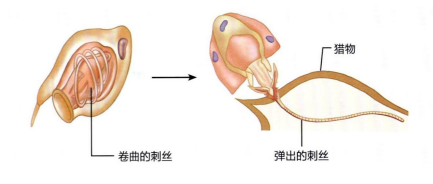

图 3-7 刺细胞模式图

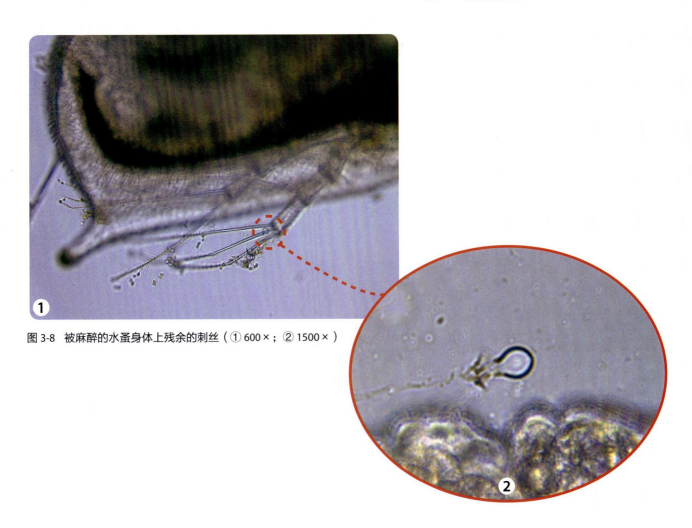

图 3-8 被麻醉的水蚤身体上残余的刺丝（① 600×；② 1500×）

03 长生不老的水中杀手——水螅　019

摄入和消化

水蚤被麻醉后，水螅再利用触手将其放入口（图 3-9），然后吞入消化腔中。水螅的消化腔结构简单，一方面通过消化腔的"扭动"进行物理性消化（图 3-10），另一方面消化腔的内层细胞可以分泌相关的消化液进行化学性消化，最后将食物消化掉，以吸收其中的养分。

图 3-9　触手将麻醉的水蚤运送到口附近（60×）

图 3-10　水螅摄入水蚤并不停扭动进行物理性消化（60×）

排遗

水蚤是节肢动物,其坚硬的外骨骼等是不能被水螅消化吸收的,这些不能被消化吸收的食物残渣会被水螅排出体外。与其他动物不同的是,水螅的消化腔与外界只有一个通道——口,因此食物残渣也需要从口排出体外,有口无肛门是水螅等一系列腔肠动物的典型特征(图3-11)。

别看水螅个子小,但由于它的身体接近透明,不容易被敌人发现,也不容易被水蚤等猎物发现,可以说它在捕食方面是毫不逊色的。尤其是在神秘武器——刺细胞的帮助下,水螅常常能成功偷袭,成为淡水中藏匿的"水蚤杀手"。

由于水螅对水质的要求比较高,因此它成了水质检测的重要"明星"。此外,在一项长达四年的研究中,科学家发现,水螅在环境适宜的条件下死亡率极低,并且生殖能力未见退化,老化迹象也不明显,几乎是接近了"长生不老"。这其中的奥秘在于它的大部分身体都由干细胞组成,干细胞又具有不断分裂的能力,因此,水螅的身体可以不断更新。科学家希望通过对水螅的研究,能够找到让人类延年益寿的方法,我们一起拭目以待吧!

图3-11 食物残渣从口排出体外(60×)

04 石块下的超级再生者
——涡虫

壁虎的尾巴断了还能再长出来；蚯蚓被分割成两段，含有生殖环带的一端还可以发育成一个完整的个体！这些都是再生能力的体现，相对于人类等其他动物，这两种动物的再生能力已经很强了，但它们也远远不及涡虫——涡虫是目前已知再生能力最强的生物，具有几乎无限的再生能力。

涡虫是一种扁形动物,通常生活在清澈溪流的石块下面,体长1.5厘米左右,前端呈三角形,背腹扁平,整体来看好似一片细长的柳叶。认真观察,涡虫还是"对眼儿",其实这不是眼睛,而是眼点,眼点只能感知光线,并不能视物(图4-1)。

涡虫是一种肉食性动物,它的咽可以伸出口外进行捕食。食物入口后在肠中消化,它的肠遍布全身,身体又接近透明,所以很容易就暴露出它吃了什么(图4-2、图4-3)。

图4-1 涡虫结构模式图

图4-2 吃过猪肝的涡虫(30×)

图4-3 吃过蛋黄的涡虫(30×)

涡虫同水螅一样，也是有口无肛门，食物经肠消化、吸收，食物残渣从口排出体外。

没有食物时怎么办呢？对于大多数动物而言，可能会在极度饥饿中慢慢死去，可是涡虫不会。涡虫在饥饿状态下，会采取一个万全之策——自噬（图4-4）。自噬是生物为了保持组织平衡，在漫长的进化过程中产生的一种自我调节能力，同时是一种物质和能量回收的重要途径。涡虫体内细胞的自噬是有选择性的，在面临极端环境时，涡虫体内的众多细胞会发生自噬，自噬后细胞中的物质和能量可以供给神经细胞的生存。

涡虫的自噬程度是根据环境而定的，如果环境极度恶劣，涡虫的绝大多数细胞都会自噬，最后只保留神经细胞，可见神经细胞对于涡虫意义重大。

那么，当环境转好时，已经自噬的涡虫还能够复原吗？

答案是肯定的！涡虫具有极强的再生能力。你听过"大卸八块"吗？对于动物而言这个词是多么残忍，即便是再生能力很强的壁虎和蚯蚓恐怕也难以承受，但是对于涡虫来说，这简直是"小菜一碟"！

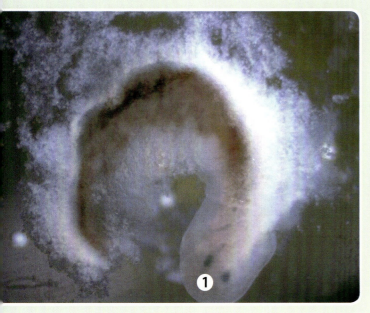
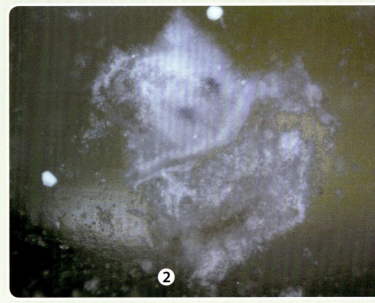

图4-4 涡虫的自噬（30×）

涡虫前端的再生

如果切除涡虫从口以后的所有结构，仅保留身体前端，第 3 天时它的创伤面就可以完全愈合，第 7 天时涡虫个体就基本完成修复（再生出口、咽等被切除的结构），此时的涡虫除体长较短外，其余部分与正常涡虫并无差别（图 4-5）。

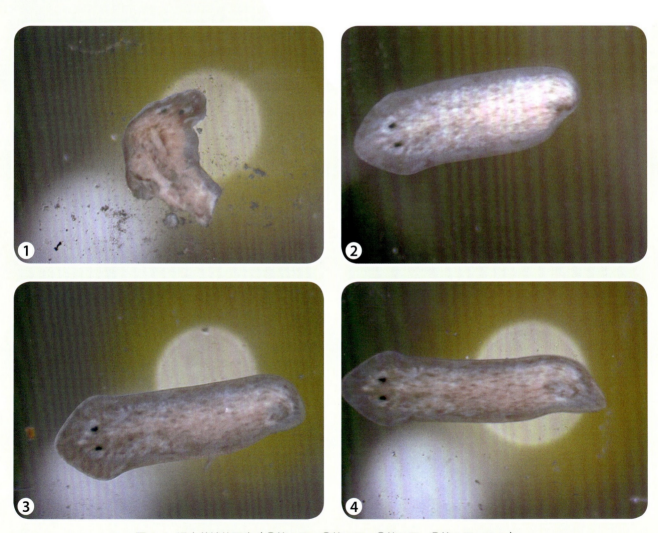

图 4-5　涡虫前端的再生（①第 1 天；②第 3 天；③第 5 天；④第 7 天，30×）

涡虫后端的再生

与前端的再生时间一致，第7天时，仅保留后端的涡虫也可以完成再生。在这个过程中，涡虫的创伤逐渐愈合并发育，在前端长出眼点。即便此时的眼点较小，但是已经能对外界光线做出反应，并且随着时间的延长，眼点也会逐渐增大，直至恢复正常大小（图4-6）。

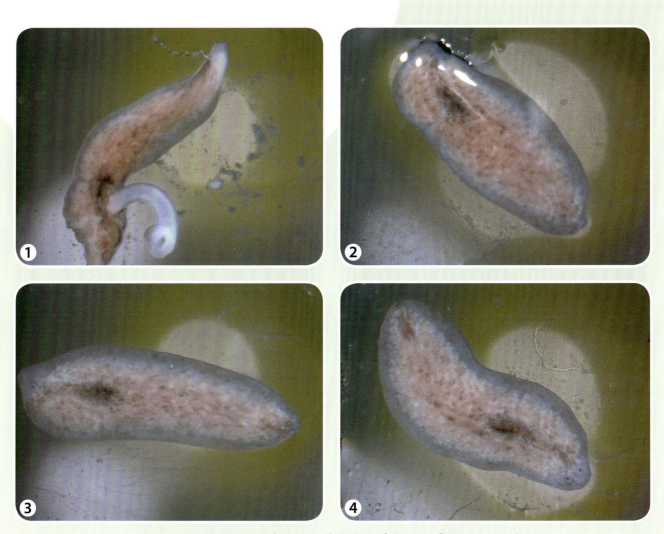

图4-6 涡虫后端的再生（①第1天；②第3天；③第5天；④第7天，30×）

涡虫中间任意一部分的再生

了解了涡虫前端与后端的再生后，你是否体会到了涡虫再生能力的强大？如果从涡虫身体上随意取出一段会怎样呢？

看到了结果，你有没有瞠目结舌？即便取出涡虫身体非常小的一段，它也可以用7天的时间完成再生，除了眼点较小外，其余部分与正常的涡虫基本相同（图4-7）。

涡虫具有极强的再生能力，很重要的一个因素就是，涡虫身上的任何一小部分都可以再生出一个完整的个体。目前的科学研究成果显示，一只1厘米长的涡虫个体被分割为200多份仍然不会死亡，并且其中的每一份都可以发育为一个完整的个体！

涡虫强大的再生能力是它在自然界中接受挑战的"独门秘籍"，有了这个"秘籍"，涡虫可以更好地适应环境的变化，更好地生存和繁衍。

期待未来的某一天，科学家能够将涡虫的再生机制完全破解，以服务于人类的医疗行业，创造生命的奇迹！

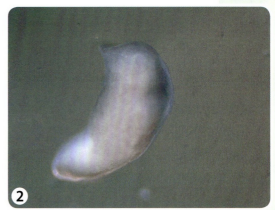

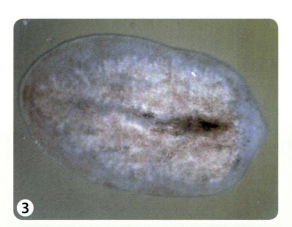

图4-7 涡虫中间任意一部分的再生（①第1天；②第3天；③第5天；④第7天，60×）

05 遗传学的功臣
——果蝇

在快腐烂或已经腐烂的水果旁边，经常会围绕着很多"迷你苍蝇"，它们体长约2毫米，天生喜欢腐烂的水果，这就是赫赫有名的遗传学功臣——果蝇（图5-1）。果蝇曾帮助科学家拿下6次诺贝尔奖，为遗传学和发育生物学的研究和发展做出了巨大贡献，是科学家心中当之无愧的科研宠儿！

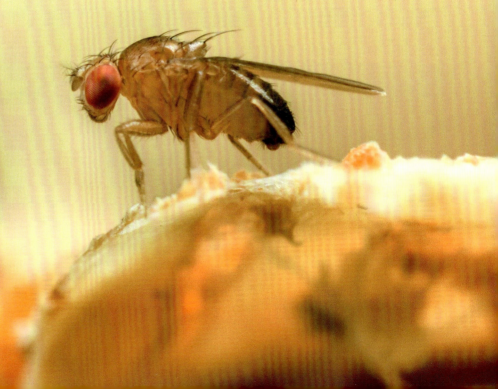

图 5-1 野生型果蝇成虫

果蝇的"走红",起源于一次非同寻常的"邂逅",故事的主角就是遗传学家摩尔根和果蝇"小白"(一只白眼雄果蝇)。

　　1910年的一天,摩尔根偶然发现了"小白",这令他欣喜若狂,野生果蝇的复眼一般是红色,而"小白"的复眼竟然是白色,这是一项意义非凡的重要发现(图5-2)!他小心翼翼地呵护着"小白",晚上装瓶带回家放在床头,白天带进实验室做实验。在"小白"的配合下,摩尔根带领他的研究团队做了一系列遗传学实验,不仅证明了基因位于染色体上,还探索出测定基因位于染色体上相对位置的方法。最终,摩尔根因其对现代遗传学的卓越贡献获得了1933年诺贝尔生理学或医学奖,果蝇也因此一炮而红,成为遗传学的重要模式生物。

图 5-2　果蝇中的白眼果蝇

果蝇一炮而红是因为它运气好吗？并不是。果蝇之所以成为科研宠儿，是因为它有着诸多成为模式生物的优点。

容易饲养、繁殖速度快

果蝇在生活中很常见，如果腐烂的水果得不到及时处理，那么这些水果就会成为果蝇理想的"自助餐厅"和"育儿摇篮"。"不挑食"的果蝇在实验室中很容易饲养，香蕉、玉米粉、蔗糖等都可以填饱果蝇的肚子（图5-3）。

图5-3 实验室中饲养的果蝇

果蝇的一生包括卵、幼虫、蛹、成虫四个时期，是完全变态发育（图5-4）。

图5-4 果蝇的生活史（从左到右依次为卵、幼虫、蛹、成虫）

果蝇的繁殖速度很快，在实验室条件下，10天左右就可以繁殖一代。其中卵孵化为幼虫（蛆）需要12~15个小时，幼虫4天左右化蛹，蛹4天后羽化为成虫。

果蝇易于饲养、繁殖周期短的特点使它成了很好的遗传学实验对象，这不仅保证了科研数据的准确性，同时还节省了科研的时间、人力和财力，深受科研工作者的喜爱。

雌雄容易辨别

在科研工作中，遇到的第一个问题就是：如何快速分辨雌雄？有经验的科研工作者一般根据果蝇的大小和腹部特征进行分辨。

雄果蝇个体较小，腹部末端钝圆，颜色深，具有腹片4片，腹部背面有3条黑色条纹，最后一条极宽并延伸到腹面，呈明显的黑斑，有交尾器；雌果蝇个体较大，腹部末端尖，颜色浅，具有腹片6片，腹部背面有5条黑色条纹，有产卵管（图5-5、图5-6）。

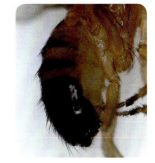

图5-5 两种性别的果蝇腹部背面条纹
（左为雄性，右为雌性，100×）

图5-6 两种性别的果蝇外观
（左为雄性，右为雌性，50×）

除了根据大小和腹部特征辨别雌雄，还有一个较为准确的依据——性梳。性梳是雄果蝇的第二性征，位于雄性果蝇第一对前足的第一个跗节上（图5-7），因形状与梳子非常相似，又与性别有关而得名。

雌果蝇没有性梳，因此可以根据性梳的有无来判断果蝇的性别。

图5-7 雄果蝇的性梳（200×）

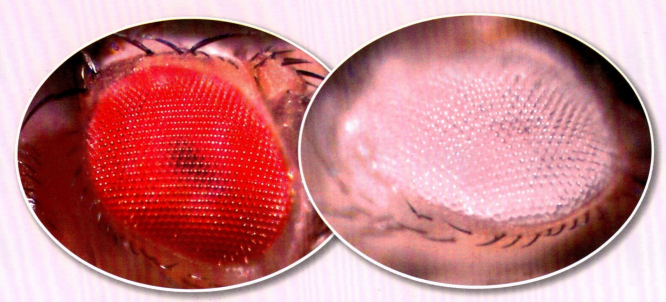

图 5-8 红眼果蝇和白眼果蝇的复眼（150×）

有易于区分的相对性状

果蝇的体形虽小，但具备易于区分的相对性状，这为科学研究带来了很大的便利。果蝇最为明显的特征就是它的复眼，果蝇的每个复眼包括 750~800 个独立成像的小眼。小眼的构造精巧，如一个个凸透镜，几乎各个方向的景物均可通过不同的小透镜清晰地成像，所以它的视野是十分宽阔的，几乎能看清 360°范围内的物体。果蝇的复眼有红色和白色两种类型，二者差异明显，易于区分（图 5-8）。

除了复眼的颜色，果蝇还有很多易于区分的相对性状，比如翅形、体色、刚毛等，这些都为科学研究提供了很多便利（图 5-9）。

果蝇正常翅

果蝇缺刻翅

果蝇正常眼

果蝇棒状眼

图 5-9 果蝇易于区分的相对性状

巨大染色体

果蝇的染色体数目较少，只有4对，其中3对常染色体，1对性染色体，4对染色体的大小、形态均有差异，易于做遗传学的研究（图5-10）。

另外，果蝇唾腺细胞中的巨大染色体是进行遗传学研究的良好材料。果蝇幼虫发育到一定阶段后，细胞的有丝分裂就会停留在间期，此时细胞数目不再增加，但是染色体会不断复制，并且复制产物不会分开。这样成千上万条染色质纤维平行而精巧地排列形成一大束宽而长的巨大染色体，约是普通细胞染色体的100多倍。

巨大染色体上分布着深浅不同、粗细各异的横纹，可用于染色体变异的相关研究，为染色体的结构和化学组成、基因的差异表达等方面的遗传学研究，提供了独特的研究材料。因此，果蝇唾腺染色体（图5-11）是观察染色体形态、研究染色体变异的绝佳材料。

可以看出，果蝇成为遗传学家的科研宠儿，靠的不是运气，而是实力，各个方面的优势让它在众多动物中脱颖而出，成为遗传学的功臣。其实，果蝇不仅在遗传学方面立下功劳，而且在神经疾病的研究、学习记忆与某些认知行为的研究中也是一种理想的模式生物。期待果蝇继续发挥它的作用，再立新功！

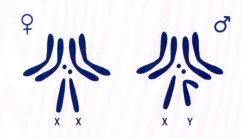

图 5-10 雌雄果蝇体细胞中的染色体图解

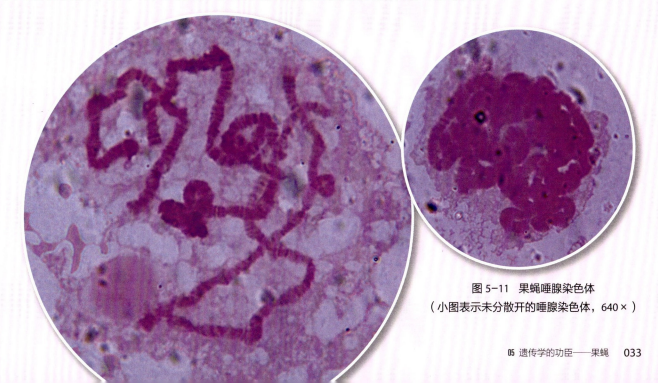

图 5-11 果蝇唾腺染色体
（小图表示未分散开的唾腺染色体，640×）

06 生命的绽放
——蝴蝶卵的孵化

蝴蝶从哪里来？你想到的可能是破茧成蝶——毛毛虫历经蜕变成为美丽的蝴蝶。那毛毛虫又从何而来呢？这就要追溯到蝴蝶生命的起点——卵。

蝴蝶的发育过程经历卵、幼虫、蛹、成虫四个时期，其中幼虫与成虫在形态结构和生活习性上明显不同，因此属于完全变态发育（图6-1）。

图6-1 蝴蝶的发育过程

图6-2 报喜斑粉蝶的卵（60×）

蝴蝶的卵是体积较大的细胞，在蝴蝶经常徘徊的花丛中，某个花瓣或者叶片上会有一些小小的颗粒，这些可能就是蝴蝶的卵。不同蝴蝶的卵大小不同、颜色各异，借助显微镜，我们会发现不同蝴蝶的卵在形态上也有很大的差异。

报喜斑粉蝶的卵（图6-2）好似一颗黄色软糯的糖果，直径0.6~0.7毫米，长约1.4毫米，呈圆筒形，顶端的9~10个突起是刺状突，外周的一条条线是卵的纵脊。

斑凤蝶的卵（图6-3）像一颗金色的珠宝，直径约1.2毫米，近球形，表面分布着不规则的乳突，这其实是雌成虫分泌的黏液干燥后形成的。

图6-3 斑凤蝶的卵（30×）

借助显微镜，我们发现花瓣上的这些小颗粒竟是如此的美轮美奂！各种蝴蝶卵的形状、大小、颜色、构造各不相同，蝴蝶方面的研究专家可以通过卵的这些特征进行生物学分类。有时，我们观察同一种蝴蝶的卵时，也会发现不同。

图 6-4　不同颜色的苏铁小灰蝶的卵（60×）

苏铁小灰蝶的卵（图 6-4）形态相同——都呈扁圆形，表面有类似三角形的棱。但是仔细观察，可以发现卵的颜色有些差异，这是因为在卵孵化的过程中，卵的颜色会发生变化。以苏铁小灰蝶为例，在孵化过程中卵的颜色会由最初的白色逐渐加深，因此可以判断：图 6-4 中的三枚卵处于不同的发育阶段（发育程度依次增加），因此颜色不同。随着时间的推移，当③中的卵继续发育时，里面的毛毛虫就会"破壳而出"，完成卵的孵化过程（图 6-5）。

图 6-5　刚孵化的苏铁小灰蝶幼虫（150×）

图 6-6 菜粉蝶的卵（60×）

从卵到幼虫，这个过程具体是如何发生的呢？让我们以菜粉蝶卵的孵化为例来欣赏这一过程。

菜粉蝶喜欢在菜心、芥蓝等十字花科植物上追逐，它的卵高约 1 毫米，卵壳表面在纵脊之间还有横脊，形成长方形的小格，好像一个香甜的玉米（图 6-6）。每一枚卵外面都有卵壳，不仅起到很好的保护作用，还能有效防止卵内水分的过量散失。卵的前端有一个或若干个贯通卵壳的小孔，称为卵孔，是精子进入卵内的通道，因而也称为受精孔。

菜粉蝶的卵初产时为淡黄色，后变为橙黄色，由初产到孵化大约需要一周时间。

在卵孵化的过程中，卵的中上部会出现深色点，这是幼虫的大颚（图 6-7）非常接近卵壳的表现。随着时间的推移，幼虫会用大颚在卵尖端稍下处咬破卵壳（图 6-8）。

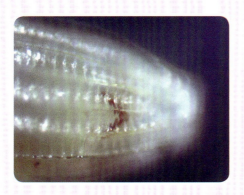

图 6-7 深色为幼虫口器中的大颚（150×）

图 6-8 幼虫咬破卵壳（150×）

慢慢地，幼虫从开口处慢慢蠕动出壳。这个过程需要耗费一些时间，在这个过程中，幼虫以卵壳为食，吃累了就休息一下，休息好了继续吃，直到把卵壳吃掉，幼虫就算真正来到了这个世界，开始它毛毛虫阶段的生活（图6-9）。

时间见证着生命的变化，从一颗小小的卵到一条肉嘟嘟的毛毛虫，这是一次生命的绽放。让我们真切地感受到了自然的生机与活力，见证了生命的顽强与伟大！

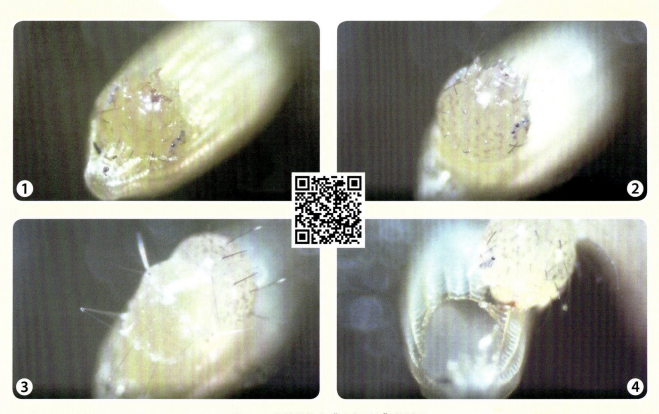

图 6-9 菜粉蝶幼虫"破壳而出"的过程

07　天线般的鼻子
——昆虫的触角

漆黑的夜晚，"吸血狂魔"蚊子盘旋着寻找吸血对象，听说它们更喜欢汗液的气味？臭烘烘的垃圾桶旁，各种苍蝇从四面八方嗡嗡赶来，听说它们天生就喜欢腐烂的气味？

蚊子、苍蝇是常见的昆虫，昆虫是世界上种类最多的动物类群，目前已发现了100多万种。大多数昆虫的嗅觉都十分灵敏，它们的"鼻子"在哪里呢？看看昆虫的头部，那两根像天线一样的结构就是昆虫的"鼻子"——触角。

昆虫的触角形态各异、多种多样，但一般都由三节组成：柄节、梗节和鞭节（图 7-1）。

其中鞭节位于触角端部，常分成若干亚节，在不同的昆虫中变化最大。下面让我们一起来认识几种昆虫的触角吧！

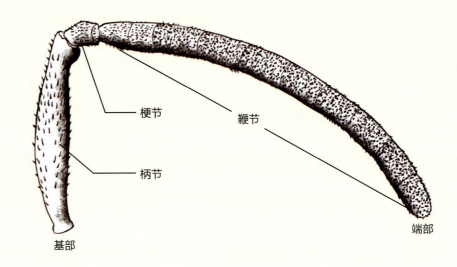

图 7-1　触角的基本构造

丝状触角

常见的蝗虫（俗称蚂蚱）、螽(zhōng)斯（俗称蝈蝈）的触角细长，整体呈丝状，这一类触角我们称为丝状触角。相对来说，蝗虫的丝状触角（图 7-2）更粗短一些，螽斯的丝状触角（图 7-3）更细更长，并且长过身体。

图 7-2　蝗虫的丝状触角

图 7-3　螽斯的丝状触角

丝状触角除基部第一、二节较粗外，其余各节的大小和形状相似，向端部渐细。靠近基部的鞭节各节呈扁平的长方形，中部各节大致呈正方形，端部呈细长的长方形。仔细观察，触角各节表面还生有稀疏的短毛（图7-4）。

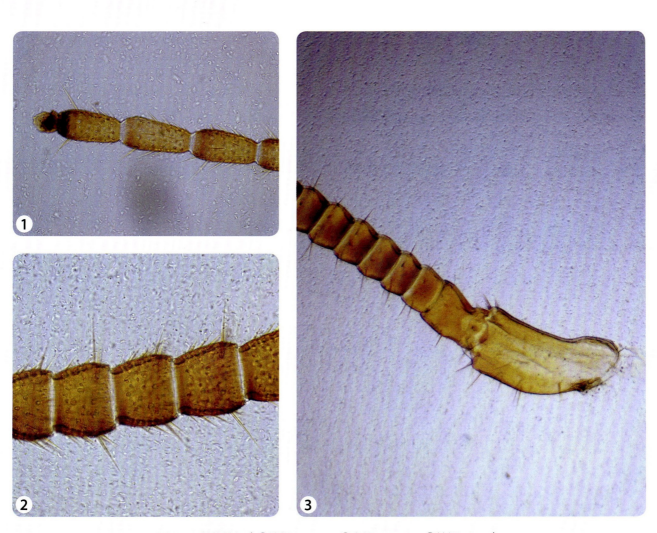

图 7-4 丝状触角（①端部，600×；②中部，600×；③基部，60×）

环毛状触角

相比蝗虫和蠹斯的丝状触角，蚊的触角也有毛，且雄蚊更加明显，甚至可以称得上是"毛茸茸"的。像蚊这样的触角，称为环毛状触角（图7-5）。

环毛状触角除基部两节外，每节都具有一圈环毛，越靠近基部的环毛越长。放大观察发现，环毛状触角每三节形成一个小单位，其间有白色的膜状物连接（图7-6）。

别看雄蚊的触角挺吓人，但它其实更"温柔"，它只吸食植物的汁液，不吸血！倒是触角不怎么明显的雌蚊会吸血，它是靠触角鞭节上的短毛来寻找"猎物"的，这些短毛对二氧化碳、乳酸等化合物和湿度尤其敏感，这也是蚊"青睐"不同人的重要原因！

图7-5 雄蚊的环毛状触角（60×）

 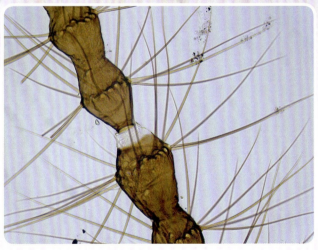

图7-6 触角小单位之间的连接（600×）

栉齿状触角

绿豆象是一种喜欢吃绿豆的害虫，雄虫的触角就像一把小梳子，梳齿明显，称为栉齿状触角（图7-7）。

可以数出触角共有11节，鞭节各亚节向一侧突出，近基部突出不明显，近端部突出明显，最末端一节一侧不突出。仔细观察，触角的每一节上也有密密麻麻的小短毛（图7-8）。

图7-7 绿豆象的栉齿状触角

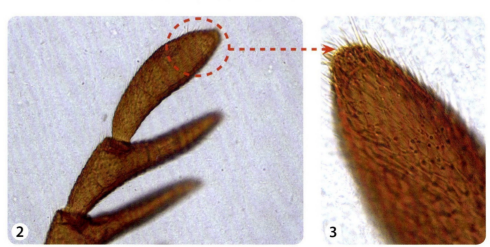

图7-8 栉齿状触角
（①整体观，30×；
②触角端部，150×；
③触角鞭节最末节，600×）

念珠状触角

你见过白蚁吗？虽然有人称它为白蚂蚁，但它跟蚂蚁并不属于一类。白蚁属于昆虫纲蜚蠊目（fěi lián），而蚂蚁属于昆虫纲膜翅目。白蚁喜食植物纤维，有时会在家中的柜子里发现它的身影。

白蚁的触角（图7-9）看上去像一串珠子，各节颜色较淡，观察起来不太明显。可以看出念珠状触角的柄节较长，梗节短小，鞭节各亚节的形状和大小基本一致，近似圆球形，像极了一串珠子。近基部的小节较为扁平，近端部的小节近球形，每一小节上都密被短毛（图7-10）。

图 7-9 白蚁的触角

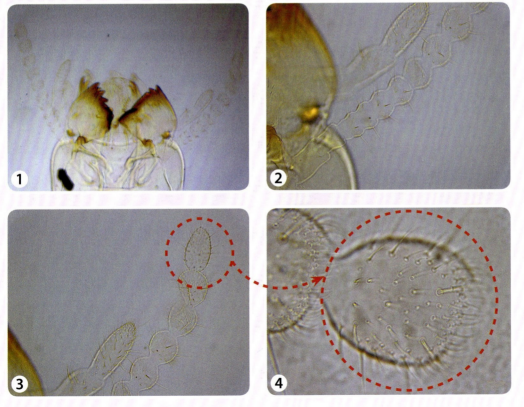

图 7-10 念珠状触角
（①整体观，60×；
②触角基部各节，150×；
③触角端部各节，150×；
④鞭节末节放大，600×）

具芒状触角

和其他昆虫的触角相比,苍蝇的触角(图7-11)就比较"低调"了。

苍蝇的触角非常短,只能看到两根细细的毛状结构,并且鞭节很明显,不分亚节,较柄节和梗节粗大,其上有一刚毛状或芒状构造,称为触角芒。触角芒并不是一根毛,而是像圣诞树一样具有很多"小树枝",越向端部越短。像苍蝇这样的触角,称为具芒状触角(图7-12、图7-13)。

苍蝇逐臭,它们就是通过自己的触角来寻找臭味的,触角芒起了很大作用。

图 7-11 苍蝇的触角

图 7-12 具芒状触角整体观(60×)　　图 7-13 触角芒放大(600×)

昆虫的触角可真是多种多样！除了上面介绍的类型，自然界中还有不少其他的触角类型，比如蚂蚁的触角就带个弯，像我们的膝盖一样，非常灵活；蛾子的触角则是毛茸茸的，像羽毛一样（图 7-14、图 7-15）。

不同的触角虽然形态各异，但是一般都具有长短不同的毛，这会让它们"鼻子"的功能更加强大！

不知你有没有发现，昆虫总喜欢不停地摆动触角，好像两根天线，时刻在接收"信号"。它们在干什么呢？其实昆虫的触角除了具有"鼻子"的功能，还有触觉和听觉的功能，就相当于人的皮肤和耳朵一样。云斑鳃金龟雄虫的触角还会发声，可以招引雌虫；水龟虫的触角还可以用来呼吸。可见触角不仅仅是昆虫的"鼻子"，我们对昆虫触角的研究还一直在路上。

图 7-14　雄蚕蛾的羽毛状触角

图 7-15　蚂蚁的膝状触角

08 会飞的花朵
——蝴蝶的鳞翅

"蝴蝶飞,蝴蝶飞,蝴蝶穿着五彩衣。飞过来,飞过去,一飞飞到花园里。"

听着这首童谣,万花丛中蝴蝶翩然起舞的画面不禁映入脑海,蝴蝶那对美丽的翅膀在阳光下格外耀眼美丽,就像会飞的"花朵",舞动着,绽放着光彩。

蝴蝶的翅膀为何如此美丽？绚烂多彩的颜色和花纹从何而来？

蝴蝶属于鳞翅目昆虫，翅膀上被有大量的鳞片。当我们捉蝴蝶的时候，手指上会不经意留下一些颜色丰富的"粉末"，这些"粉末"其实是蝴蝶翅膀上的鳞片。色彩斑斓的鳞片着生于透明的翅膜上，呈覆瓦状排列，起到防水作用的同时，也为蝴蝶的翅膀添加了颜色和花纹（图8-1）。

鳞片的颜色主要与色素色、结构色和综合色有关。

图 8-1　雌碧凤蝶的翅（150×）

色素色

有些鳞片内含有彩色的颗粒状色素,如黑色素、蝶呤素(荧光色素)、花红素等,称为色素色(或化学色)。色素色经长时间光照会发生氧化还原反应,翅膀色彩就会褪色,不再鲜艳(图8-2、图8-3)。

图 8-2　玉带凤蝶的黑色鳞片会褪色(150×)

图 8-3　梨花迁粉蝶的鳞片易褪色(60×)

结构色

有些鳞片因光源的种类、方向不同而呈现闪光或变换颜色，这就是结构色（或物理色）。这种鳞片在显微镜下是透明的，但是由于鳞片表面特殊的物理构造（每个鳞片上有几十条到一千多条脊纹，它们具有很好的折光性能），光线照射到这种结构上会发生不同程度的折射、干涉和衍射，翅膀就会呈现出灿烂的金属光泽（图8-4~图8-6）。

由这种鳞片覆盖的翅膀会因光源的种类或方向不同而产生各种各样的颜色，并且这种颜色在长时间光照下不会褪色。

图 8-4 不同角度的碧凤蝶的翅（150×）

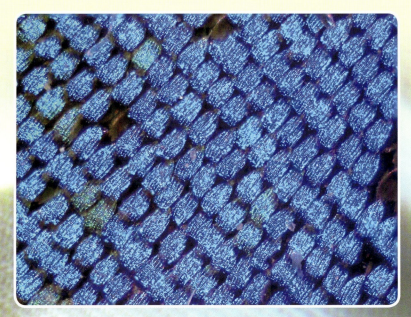

图 8-5 雄碧凤蝶的蓝斑（150×）

图 8-6 鳞片脊纹（1280×）

综合色

蝴蝶翅的颜色大多为综合色,综合色顾名思义就是色素色和结构色的叠加——有色素色基础的鳞片,经过物理折射、干涉和衍射,产生的更丰富鲜艳的色彩(图8-7、图8-8)。

图 8-7 梨花迁粉蝶翅的综合色 (150×)

图 8-8 碧凤蝶翅的综合色(60×)

注:其中黑色是色素色,黄绿色是结构色

翅膀上的鳞片不仅颜色多样，而且形态各异，有的近似长方形，有的近似圆形，有的近似三角形，或长或短，或窄或宽，或皱或平，各色各样。鳞片边缘有的呈锯齿状，有的较圆滑，基部有一小柄嵌入翅膜上的凹窝，就这样，千千万万个鳞片井然有序地排列，编织了绝美的翅膀（图8-9、图8-10）。

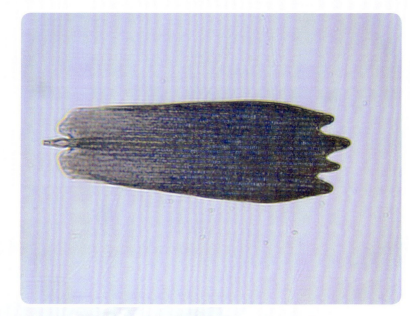

图 8-9　纹白蝶翅的鳞片（600×）

图 8-10　鳞片与翅膜凹窝的连接（150×）

图 8-11 掉"粉"的翅（30×）

鳞片与翅膜如此精细地连接在一起，但当我们触摸蝴蝶翅时，怎么还会在手上留下颜色丰富的"粉末"呢？这是因为鳞片虽然排布整齐，又与翅膜巧妙连接，但这种关系是很容易被破坏的，鳞片很容易脱落（图8-11）。

蝴蝶的鳞片为什么这么容易脱落呢？这会对蝴蝶造成很大的伤害吗？这是蝴蝶进化过程中遗留的"bug"吗？并不是！恰恰相反，这是蝴蝶的一种自我保护机制，其中暗藏机关——有些鳞片连接毒腺，当其他生物接触鳞片使其脱落后，毒液会自然沾到触碰者身上，使触碰者发生不同程度的中毒。如果触碰者碰到的是南美的毒蛱蝶，那它可能会付出生命的代价，但是大多数蝴蝶的毒量是微乎其微的，对人体没有什么伤害，不过个别有过敏体质的人沾到鳞片会感觉皮肤发痒，如果有过敏症状，要尽快洗手，严重时要咨询医生。

蝴蝶鳞片的大小和形状各异，也因着生的部位不同而表现出多种多样的形态。颜色绚烂的鳞片加之丰富的排列方式，构成了蝴蝶身上精美绝伦的图案和色彩，像会飞的"花朵"一样。

蝴蝶鳞片的仿生学

研究者发现了一件奇妙的事情：蝴蝶的鳞片能调节体温！每当气温上升、阳光直射时，鳞片自动张开，以减小阳光的辐射角度，从而减少对光能的吸收；当外界气温下降时，鳞片自动闭合，紧贴体表，让阳光直射鳞片，从而把体温控制在正常范围内，因此鳞片又是蝴蝶自带的"空调"。科学家从中得到启示，为人造卫星设计了一种犹如蝴蝶鳞片的控温系统，解决了人造卫星在太空中因温度骤然变化而可能损坏的这一难题（图8-12）。

图 8-12 人造卫星犹如蝴蝶鳞片的控温系统

09 炫彩的铁甲——甲虫的鞘翅

说到萤火虫，我们最先想到的是它灵动的光芒，其实它不仅是"草丛中的星星"，还是名副其实的"铁甲勇士"。

萤火虫是一种甲虫，甲虫是一类常见的昆虫，约占世界已知生物种数的1/4，是地球上种类最多、分布最广、占据生态位最多的类群。除萤火虫之外，甲虫中还有很多"明星"：现存的体形最大的昆虫——大王花金龟；甲虫中的大力士——独角仙（外壳可承受相当于自身体重850倍的重量）……

这些甲虫各有特色，却又有着共同的特性：都具有两对翅，前翅角质化，十分坚硬，静止时合拢于胸腹部背面，称为鞘翅；后翅比前翅的面积宽阔、柔软，一般折叠在鞘翅下面，膜质，半透明，大多呈棕褐色（图9-1）。

图 9-1 黑金龟的前翅和后翅

鞘翅虽然失去了飞行的能力，但是却如铁甲一般覆盖在后翅和虫体上，其保护作用显而易见。

多种多样金龟子的鞘翅

金龟子是生活中常见的甲虫，它的两片鞘翅呈椭圆形，仿佛是古代战场的铁甲护具，坚不可摧！金龟子的种类很多，黑金龟的棕褐色鞘翅（图9-2）有明显的隆线，条沟明显，分布有大小不一的刻点；鳃金龟的鞘翅（图9-3）布满绒毛，放大看好像有很多根刺，令"敌人"望而却步。

图 9-2 黑金龟的鞘翅（30×）

图 9-3 鳃金龟的鞘翅（60×）

具有金属光泽的白点花金龟的鞘翅有很多刻点（鞘翅上凹下凸的点），靠近翅根的刻点比较小，有少量绒毛分布，而白点实际上是由很多细小的绒毛组成，绒毛周围的刻点较大（图9-4、图9-5）。

图 9-4　白点花金龟鞘翅靠近翅根的部位（15×）

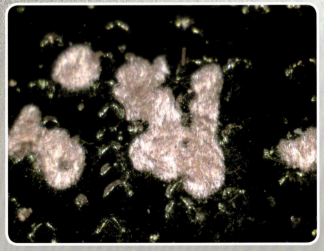

图 9-5　白点花金龟鞘翅的白斑与刻点（60×）

图 9-6 幼圆丽金龟的鞘翅（强光，15×）

图 9-7 幼圆丽金龟的鞘翅（弱光，15×）

图 9-8 不同角度的光线对幼圆丽金龟鞘翅颜色的影响（60×）

白点花金龟的鞘翅，泛着金属光泽，不仅坚硬，还很炫彩！相比之下，幼圆丽金龟的鞘翅（图9-6、图9-7）则可以用"魔幻"来形容，它的表面不仅泛着金属光泽，更神奇的是，在不同角度和不同强度的光线照射下，它的颜色会发生五彩斑斓的变化，艳丽夺目，就像宝石一般吸引着我们（图9-8）。

凭着表面精细结构引发光学现象（折射、衍射、干涉等），产生色彩，这种色彩就是结构色（或物理色）。结构色的神奇之处就在于它不会因为昆虫死亡、化学药品、高温等因素而消失，甚至可以永久保存。这可能就是人们不约而同地选用漂亮的甲虫作为装饰品的原因所在。

十星瓢虫的鞘翅

擅长假死、遇到困境就会散发出辣臭味的瓢虫，"铁甲"上还分布着黑斑，如十星瓢虫每个鞘翅上有5个椭圆形的黑斑，这是黑色素造成的。在显微镜下仔细观察，会发现十星瓢虫看似光滑的"铁甲"表面有很多规则的圆形刻点（图9-9）。

图 9-9 十星瓢虫的鞘翅（60×）

图 9-10 黄星天牛鞘翅上的黄斑（60×）

黄星天牛的鞘翅

黄星天牛的鞘翅表面凹凸不平，密布着大小不一的黑色瘤状颗粒，具有金属光泽，鞘翅上的黄斑是由无数黄色毛状物组成的（图9-10）。

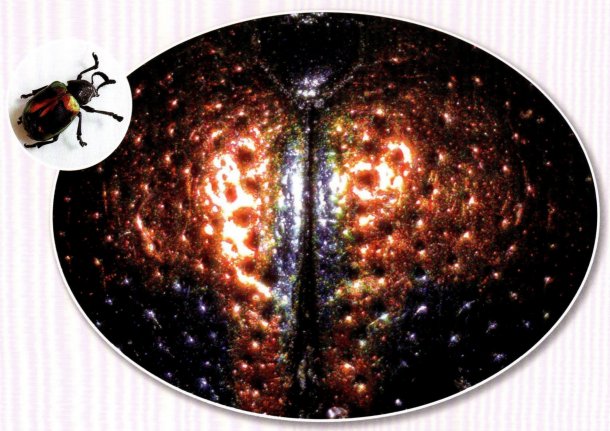

图 9-11 绝色叶甲的鞘翅（15×）

绝色叶甲的鞘翅

很多甲虫集合了大自然美丽的颜色并散发出珠宝般的光泽，所以有人称甲虫是昆虫界的珠宝，绝色叶甲便是其中之一（图9-11、图9-12）。研究表明，赋予这些昆虫珠光宝气外表的是一种被称为几丁质的物质。几丁质的厚度会从双翅相接的地方向边缘逐渐减少，由于翅膀上的几丁质厚度不同，因此光照在甲虫的翅膀上时，会向不同的方向反射，交织的反射光使它们看起来绚烂无比。

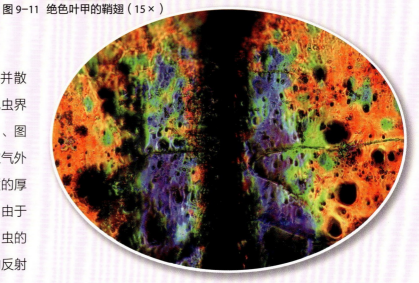

图 9-12 绝色叶甲的鞘翅（150×）

肩步甲的鞘翅

肩步甲的鞘翅呈卵形，用肉眼观察，鞘翅表面有很多条纹，颜色如绅士般沉稳。可是放在显微镜下，却可以观察到隐藏的"秘密"——肩步甲的鞘翅上有浅脊和条状颗粒，还分布着很多刺状结构，表面上泛着蓝色、紫色和绿色等光泽（图9-13）。

甲虫的"铁甲"不仅坚硬，还很炫彩。这些五彩斑斓的颜色，可以吸引异性，还可以警告掠食者"我有毒""我危险""生人勿近"！

甲虫鞘翅的形态、颜色多样，有发金光的，有带纹路像虎纹的，有带斑点像豹皮的……其配色和图案都超越了人们的想象，是很多艺术家、文学家的灵感来源，甚至在印染、纺织等行业，也带来了新的应用。

图 9-13 肩步甲的鞘翅（60×）

10 会更新的铠甲
——虾的外骨骼

提到铠甲，你可能一下子就能想到钢铁侠那些全副武装的钢铁铠甲，集科技与智慧为一体的铠甲坚硬无比、功能多样，具有超强的防御力和攻击力，甚至面对导弹都毫不畏惧。在神奇的自然界中，虾也有着类似的防御武器——外骨骼。

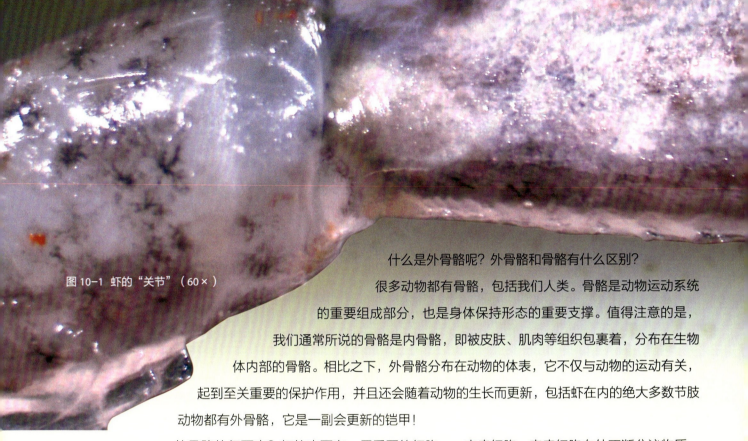

图 10-1 虾的"关节"（60×）

什么是外骨骼呢？外骨骼和骨骼有什么区别？

很多动物都有骨骼，包括我们人类。骨骼是动物运动系统的重要组成部分，也是身体保持形态的重要支撑。值得注意的是，我们通常所说的骨骼是内骨骼，即被皮肤、肌肉等组织包裹着，分布在生物体内部的骨骼。相比之下，外骨骼分布在动物的体表，它不仅与动物的运动有关，起到至关重要的保护作用，并且还会随着动物的生长而更新，包括虾在内的绝大多数节肢动物都有外骨骼，它是一副会更新的铠甲！

外骨骼从何而来？虾的表面有一层重要的细胞——表皮细胞，表皮细胞向外不断分泌物质，这类物质不断堆积形成了几丁质层和角质层，共同构成了外骨骼。其中，几丁质层中沉积着大量的蛋白质和磷酸盐（主要是磷酸钙），这使得外骨骼的硬度和厚度都有所增加，成了坚硬的铠甲。

运动

外骨骼在动物的运动方面，发挥着不可替代的作用。虾的身体各部分之间以很薄的膜相连，这样就构成了活动关节（图 10-1）。

肌肉跨过关节附着在相邻的外骨骼上。随着肌肉收缩，外骨骼便起着杠杆的作用，随即产生了运动，这与内骨骼的作用原理一致（图 10-2）。

图 10-2 关节处的外骨骼与内骨骼

图 10-3 虾的额剑基部（60×）

防御和攻击

外骨骼不仅发挥着运动作用，这副"铠甲"还可以进行防御和攻击。外骨骼的某些区域会特化为武器（如额剑和虾螯），保护自我的同时也能攻击敌人。

你被虾"头顶"的"刺"扎到过吗？这个"刺"是它的额剑，额剑是由虾头胸前端的外骨骼特化形成的，呈锯齿状，前端非常尖锐，是很好的攻击武器（图 10-3、图 10-4）。

图 10-4 虾的额剑（60×）

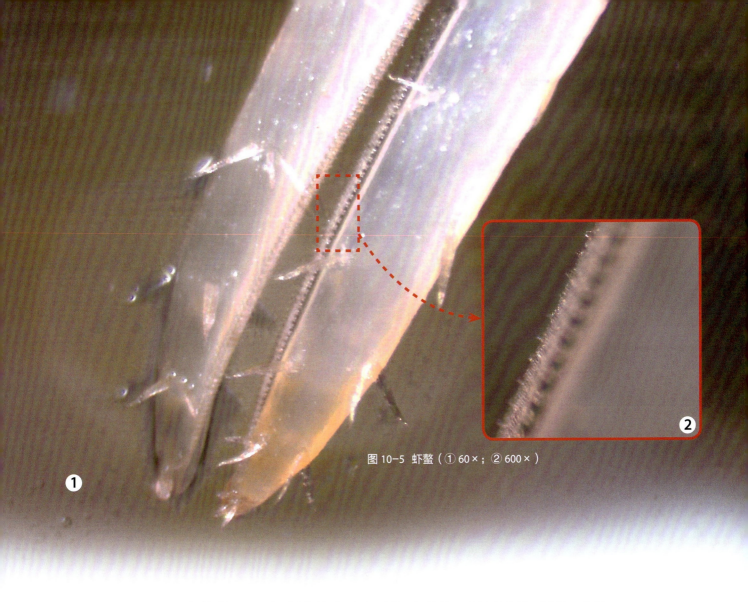

图 10-5 虾螯（① 60×；② 600×）

虾螯（图 10-5）也是极好的攻击武器，虾的第三步足呈螯状，就像一个钳子，这就是外骨骼特化形成的虾螯。虾螯是我们畏惧的"大钳子"，这个"大钳子"表面有很多尖锐的刺状结构，内部呈锯齿状，锯齿边缘也有很多刺状结构，这些刺状结构的存在大大提高了虾螯的攻击力，可以狠狠地夹住其他生物，让被夹住的对象束手无策！枪虾的巨螯更加威力无穷，巨螯的快速合闭可以喷射出一道时速高达 100 千米的水流，将小鱼、小虾等猎物直接击晕甚至杀死，枪虾便可以饱餐一顿。

图 10-6 外骨骼表面的蜡质层（60×）

保水

外骨骼的表面有一层很薄的蜡质，蜡质层（图 10-6）的存在使水分不能渗透，可防止内部水分的蒸发和外界水分的渗入。

外骨骼上的花纹

"老兄,你被人给煮了?"

这句话不仅是说螃蟹,也是说虾。我们发现虾被煮熟后颜色也会发生明显的变化,这是什么原因呢?

我们取虾的外骨骼放在显微镜下观察,会看到各种形态的青黑色花纹(图10-7)。

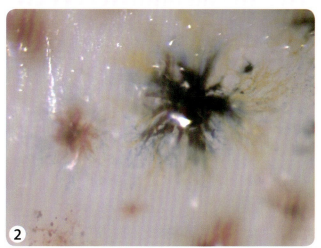

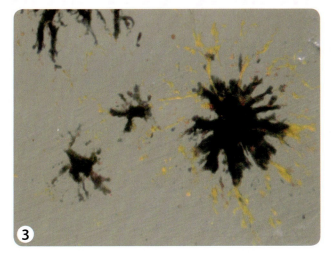

图 10-7 虾表面的花纹(① 60×;② 600×;③ 600×)

显微镜下的这些花纹呈放射状，青黑色是它们的主色调，好似泼洒的颜料，又好似腾空绽放的烟花。实际上，外骨骼本身是透明无色的，显微镜下呈放射状的点点分散的青黑色花纹，其实存在于表皮层中。表皮层紧贴在外骨骼内侧，其中散布着很多色素细胞，虾的颜色就是由这些色素细胞决定的。这些细胞能够吸收和反射光线，每种色素细胞吸收和反射不同波长的光线，进而使虾呈现不同的颜色。并且，在不同的环境中，这些色素细胞也会进行不同程度的"微调"，以适应环境的变化。

那为什么虾被煮熟后会变成红色呢（图10-8）？

原来，色素细胞和细胞中的蛋白质结合的时候是具有活性的，呈现的颜色并不是本身的颜色，而是多种色素混合的结果。经过蒸煮之后，大部分色素发生了分解，只有虾红素没有被破坏，所以虾呈现橘红色。

虾红素其实就是我们通常所说的虾青素，它不仅是虾表皮细胞中的重要色素，还是虾体内一种重要的免疫增强剂。有研究表明，饲料中增加虾青素的喂食，可以显著提高虾的抗氧化能力、免疫能力，增强虾抗环境胁迫的能力，并增强细胞损伤后的修复能力。

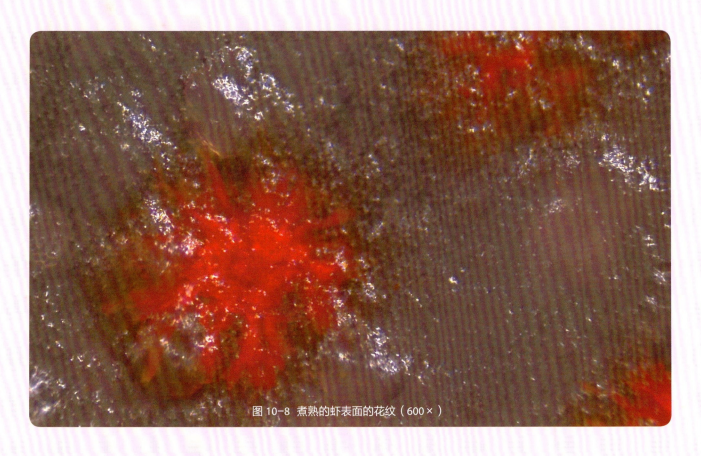

图10-8 煮熟的虾表面的花纹（600×）

不断更换的"铠甲"

外骨骼如此重要,但虾依然是"喜新厌旧"。在虾的生长过程中,每过一段时间,它就会扔掉自己原有的外骨骼,再重新形成一个新的。

这是因为铠甲般的外骨骼也会磨损而需要替换,而且外骨骼还限制了身体的生长(因为外骨骼一旦分泌完成后,几乎不能伸展,不能随着虾的生长而不断扩大,从而限制了体内组织器官的生长)。为了摆脱外骨骼的限制,虾会不断地替换"铠甲",即蜕皮(图10-9)。蜕皮需要表皮细胞分泌一种酶,这种酶将部分几丁质溶解,使角质层破裂,个体钻出来,并形成新的"铠甲"。在新的外骨骼未完全硬化之前,个体得以生长,增大体积。因此虾在成长的同时,蜕皮也在不断发生。当虾不再继续长大时,蜕皮现象也就停止了。

这就是虾的"铠甲",它集运动、保护、防御、保水、免疫等功能于一身,有没有比钢铁侠的铠甲更加神奇。其实,人们对于外骨骼的向往与模仿不仅限于影视作品,现在很多科学研究团队都在以外骨骼为出发点,进行机器人、防弹衣等方面的仿生学研究,期待更多的研究成果展示在我们面前。

图 10-9 正在蜕皮的虾

11 吸血者的武器
——蚊的头部结构

多少个夏日的夜晚,我们的梦乡都被可恶的蚊搅扰,我们的皮肤有时还被它狠狠地"亲出"了几个"小红包"。蚊是我们生活中的常客,那么你对它有多少了解,蚊是如何寻找吸血对象的,又是如何吸血的呢?有人说只有雌蚊吸血,雄蚊不吸血,这是真的吗?

想要回答这些问题,就要从蚊的头部结构说起。

蚊属于双翅目蚊科,是完全变态发育的昆虫(图11-1)。

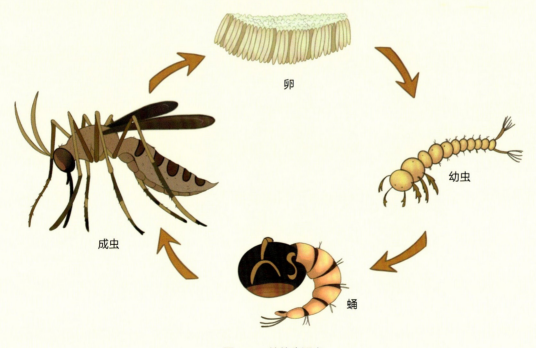

图 11-1 蚊的生活史

生活中常见的成蚊体长大概 1 厘米，呈灰褐色、棕褐色或黑色，身体分头、胸、腹三部分，蚊吸血与它的头部结构密切相关。

蚊的头部呈半球形，蚊"吸血的恶行"与它的复眼、触角和口器密不可分（图 11-2）。

观察蚊的头部，首先吸引我们眼球的就是那两个大大的"眼睛"，它的眼睛像蜂巢一样，密密麻麻，这其实是蚊的复眼。

图 11-2 蚊头部的部分结构（60×）

蚊的复眼（图 11-3）由众多小眼组成，小眼一般呈六角形，规则地排列在一个曲面上。显微镜下观察到的众多小眼变换着色彩，如同一个万花筒。每个小眼相当于一个微小的镜头，都包含锥形的晶状体和视觉细胞，通过神经连接到大脑。因此，每个镜头都可以单独成像，这样的结构使蚊无须转动眼睛或头部，便可以同时得到多方位的视觉信息！

图 11-3 蚊的复眼（150×）

11 吸血者的武器——蚊的头部结构

蚊依靠复眼可以对外界的障碍物或者人为的攻击动作快速做出反应，但却无法锁定猎物。那么蚊是如何锁定吸血对象的呢？让我们看一看两个复眼中间长长的结构——触角。

蚊具有一对触角，每一个触角有 15 节。各鞭节具轮毛，雌蚊的轮毛短而稀，雄蚊的轮毛长而密。

是的，雌蚊和雄蚊的触角有很大的差异。正如很多人所说的那样，雌蚊吸血，雄蚊是不吸血的！原因之一就是雌蚊的触角的优势（图 11-4～图 11-6）。

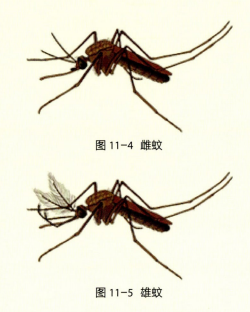

图 11-4 雌蚊

图 11-5 雄蚊

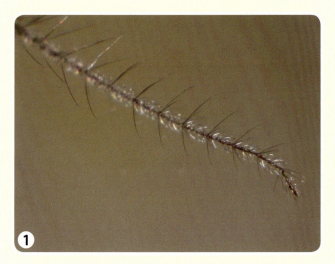
①

②

图 11-6 蚊的触角（①雌蚊的触角，150×；②雄蚊的触角，150×）

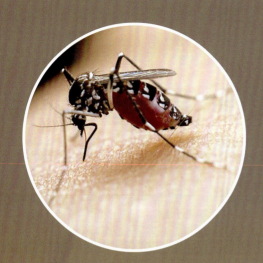

图 11-7 蚊吸血

仔细观察可以发现，雌蚊的触角除轮毛外，还有另一类短毛，分布在每一鞭节上，这些短毛可以感知空气中化学物质的变化，对二氧化碳和湿度尤其敏感。不仅如此，蚊的触角内部有对热很敏感的受体，从而容易辨别猎物的方向，获得猎物的位置。因此，对于出汗较多的人而言，血液中酸性代谢产物的增多，体表温度的增加和分泌的化学物质增多，会对蚊产生巨大的吸引力，这样的触角就成为雌蚊寻觅吸血对象的"利器"。

雌蚊找到猎物之后，就开始了吸血行动（图 11-7），这个行动可离不开它长长的口器（图 11-8）。

图 11-8 蚊的口器（60×）

图 11-9 蚊口器的解剖图像（150×）

我们可以看到，蚊的口器（图 11-9）很长，属于刺吸式口器。若进一步解剖可以发现，蚊的这根长长的刺吸式口器结构其实很复杂。

蚊的上唇细长，腹面凹陷构成食管的内壁，舌位于上唇下，和上颚共同把开放的底面封闭起来，组成食管，以吸取液体食物。舌的中央有一条唾液管。上颚末端较宽呈刀状，其内具有细锯齿，用于蚊吸血时切割皮肤。下颚末端较窄呈细刀状，其内具有锯齿，在吸血时具有切割和刺破皮肤的功能。下唇末端裂为二片，称唇瓣。当雌蚊吸血时，针状结构刺入皮肤，而唇瓣在皮肤外挟住所有刺吸器官，下唇则向后弯曲留在皮肤外，具有保护与支持刺吸器的作用。

而雄蚊的上、下颚退化或几乎消失，所以不能刺入皮肤，因而不适于吸血。雄蚊是不吸血的，它一般依靠吸食花蜜和植物的汁液生活。

现在你清楚了吗？叮咬我们的都是雌蚊，它依靠触角获得我们的信息，通过长长的刺吸式口器吸食我们的血液，而我们看到正在叮咬人的蚊却很难打到它，这与它复杂的复眼密不可分。蚊头部这些复杂而精细的结构是它长期进化的结果，我们虽然不喜欢它，但是我们不得不感叹自然界的神奇与精妙（图 11-10）！

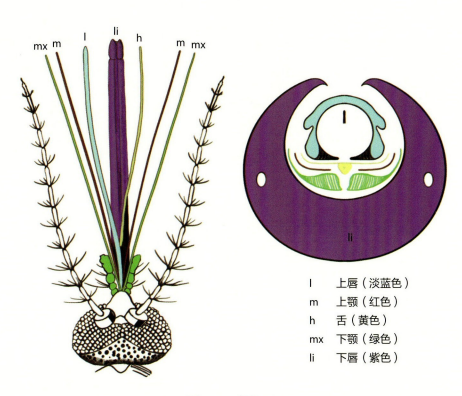

l	上唇（淡蓝色）
m	上颚（红色）
h	舌（黄色）
mx	下颚（绿色）
li	下唇（紫色）

图 11-10 蚊的口器

12 吸血者的防水秘籍
——蚊的胸部和腹部结构

夏日的雨夜,蚊又来打扰美梦!蚊不会被大雨砸死吗?如果你这样想,那就大错特错了!蚊虽小,却可以在大雨中"飞檐走壁"!它是如何做到的呢?让我们一起来看一下蚊的防水秘籍吧!

　　一只蚊的质量只有2~2.5毫克,而雨滴的质量可以达到100毫克,近乎蚊子质量的50倍!这么重的雨滴怎么就拍不死一只蚊呢?这还要归功于蚊的"小细腿儿"——足(图12-1)。

　　图12-1中蚊的足虽然已经放大了60倍,但是仍可以看出蚊拥有实打实的"小细腿儿"。当雨滴砸中蚊时,通常水滴会击打在蚊的六条细长的腿上,一瞬间,蚊也会失去平衡,但是水滴如过客,蚊只要稍微挣扎一下就可以从水滴中逃脱。

图12-1　蚊的足(60×)

图 12-2 蚊的腹部（60×）

蚊能做到如此，要归功于它自带的"雨衣"！

蚊的足和腹部，到处都覆盖着密密麻麻的绒毛，这些绒毛为蚊在雨中穿梭保驾护航（图 12-2、图 12-3）！

图 12-3 足上的"雨衣"——绒毛（600×）

除了蚊腹部和足上的绒毛，蚊的翅也是很好的防水"雨衣"：蚊的翅不仅可以飞翔和防水，还有一项特殊的功能，那就是挑衅（图12-4）！

❶

❷

❸

图 12-4　蚊的翅（① 60×；② 600×；③ 600×）

12　吸血者的防水秘籍——蚊的胸部和腹部结构　　079

蚊的叫声打扰了我们的美梦，它为什么总是在我们耳边叫呢？是在挑衅吗？它又是怎么叫的呢？用嘴巴？不！蚊的嗡嗡声源于它的翅。蚊的翅振动频率很高，每秒钟达 250~600 次，所以能发出细微的嗡嗡声。而人的听觉频率范围是 20~20000 赫兹，蚊只有离我们耳边很近时，我们才能听得到它"嗡嗡"的叫声，这不是它在挑衅，而是因为我们的听觉能力有限。

蚊是双翅目昆虫，但是细心的你会发现蚊只有一对翅！那另一对翅呢？瞧，在蚊的一对翅后面有一对棒状的结构——平衡棒。这是由蚊的另一对翅退化形成的，翅的振动让蚊"火速"前行，平衡棒的存在保证了飞行的平稳安全（图 12-5）。

图 12-5 蚊的平衡棒（150×）

蚊在雨中穿行，它只需左右摇摆，就可以让雨滴从身上滚落，好不悠然自在。所以当我们在洗手池中看到蚊时，还是果断地拍打它吧！不要试图向它喷水，它是不会如我们所愿淹没在水中的。

要想减少蚊的打扰，还是利用好防蚊工具，与它保持一个"和平"的距离吧！

13　天然潜水服——鱼鳞

你抓过鱼吗？有没有感觉抓鱼的时候总是"滑不溜丢"？原来，这与鱼分泌的黏液以及密布在鱼体表的鳞片密切相关。烹饪鱼时，鱼鳞常常被当成废物扔掉。然而，鱼鳞对于鱼本身的生存来说至关重要，呈覆瓦状排列的鱼鳞可是鱼儿畅游水中的天然潜水服，不仅可以减少鱼儿在水中的阻力，还能如铠甲一般保护着鱼体！

鱼鳞大致可分为四类：盾鳞、硬鳞、圆鳞和栉鳞，其中后两者是淡水硬骨鱼中常见的类型。

鲈鱼的鱼鳞

鲈鱼的鱼鳞表面分为三个区：基区（前区）、顶区（后区）和两个侧区；朝鱼头方向埋入鳞囊内的部分为基区，朝鱼尾部露出囊外的部分为顶区，两侧为侧区，三个区的焦点为鳞焦。鳞焦一般位于鳞片的中心，为面积较小且平坦的区域。同心圆排列的轮纹在相对同一位置处断裂，形成自鳞焦向周边辐射的沟状物——辐射沟。鳞片上通常含有类似树木年轮的环纹，其产生与鱼的生长快慢不均有关。科学家可以通过环纹的特征粗略判断鱼的年龄，同时环纹的特征也可以作为鱼分类的重要依据。

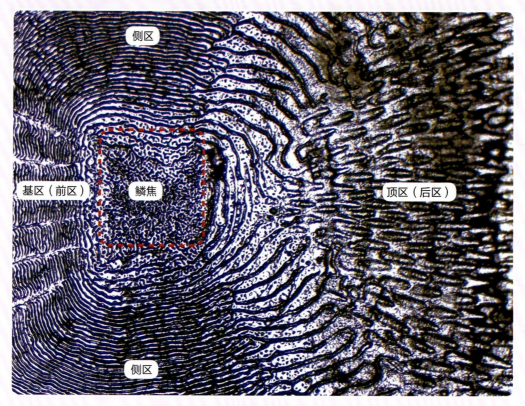

图 13-1 鲈鱼鱼鳞的局部结构（30×）

我们可以通过图 13-1 看出，鲈鱼的鱼鳞环纹清晰，基区的环纹较细密，侧区的环纹较粗疏。基区有 4~9 条辐射沟，而侧区和顶区无辐射沟。鳞焦由一大片近方形的区域构成，表面平坦但密布无规则的浅沟，鳞焦区域无辐射沟。顶区最具特色，由侧区延伸过来的环纹中断，转换为朝向后侧的密集的指状凸起，且呈交错状排布，直到最后突出鳞片后侧边缘形成"栉齿"。

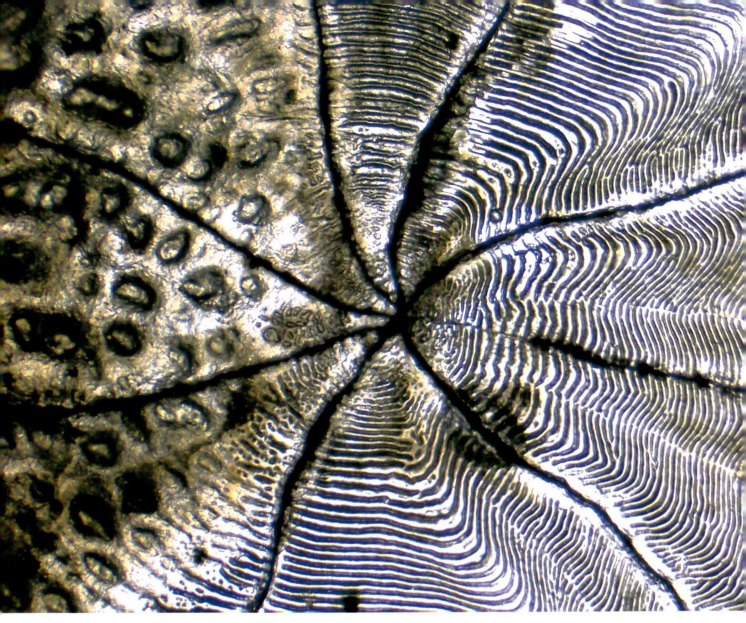

图 13-2 鲫鱼的鱼鳞（示鳞焦附近，30×）

鲫鱼的鱼鳞

鲫鱼的鱼鳞（图 13-2）最吸引人的要数鳞焦区域了，它的鳞焦为一点，辐射沟很深且由鳞焦点向四周射出。基区（右侧）轮纹明显，而顶区（左侧）几乎没有轮纹，取而代之的是大量卵圆形的凹坑，配以金色的色素沉积，形成了类似豹纹的独特斑纹。

武昌鱼的鱼鳞

"才饮长沙水,又食武昌鱼"是毛主席在畅游长江后留下的佳句。武昌鱼是易伯鲁教授在 1955 年确定的新物种,其鱼鳞也是十分独特的(图 13-3)。鳞焦附近没有明显的辐射沟的焦点。顶区的辐射沟(左侧)细且密集,基区的辐射沟(右侧)宽而稀疏,给人的感觉就像很多条"小溪"汇集成了少数几条"大河"。甚至在高倍镜下能观察到辐射沟将轮纹切断,犹如大江大河侵蚀两岸水土形成的独特"地貌"。

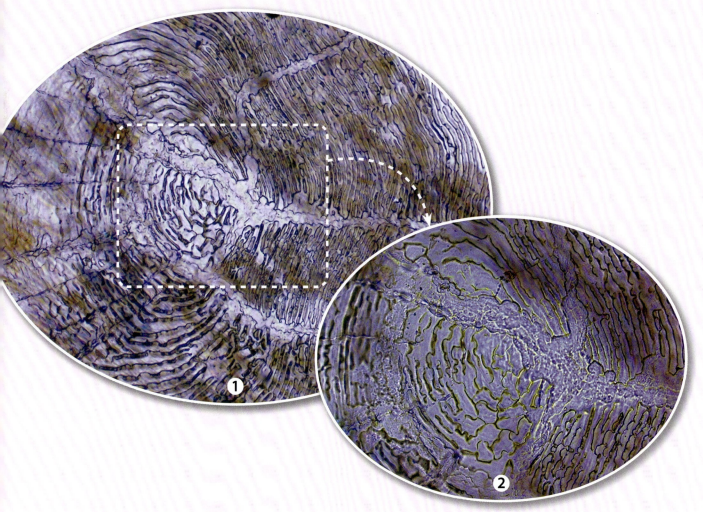

图 13-3 武昌鱼的鱼鳞(示鳞焦附近,① 60×;② 150×)

顶区辐射沟一直延伸到顶端边缘，形成类似软体动物贝壳的扇面，同时在顶区有大量的色素沉积斑块，总体来看又像"孔雀开屏"（图13-4）。

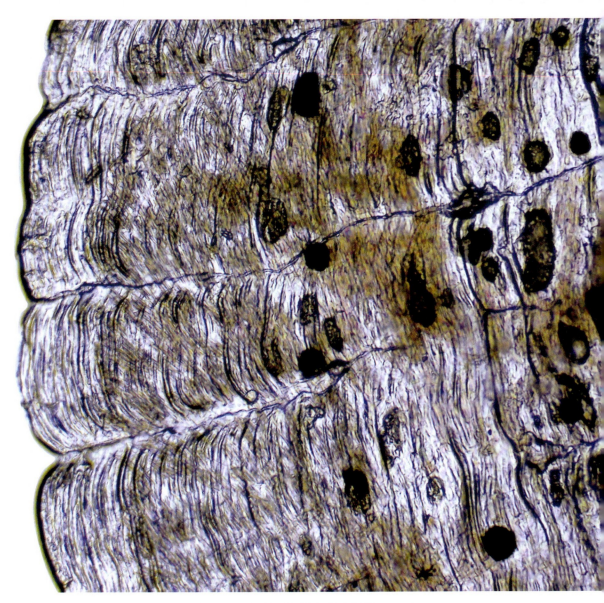

图13-4 武昌鱼的鱼鳞（示顶区附近，60×）

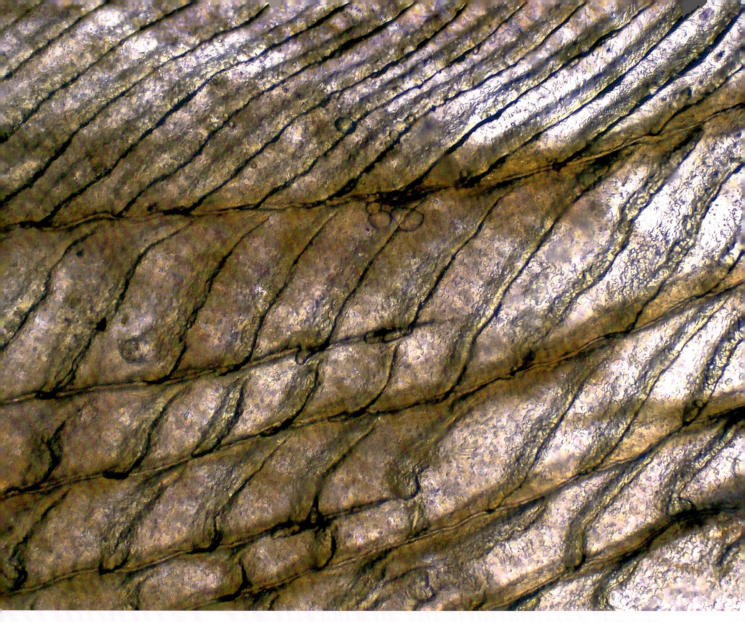

图 13-5 草鱼的鱼鳞
（示次级辐射沟的起点，150×）

草鱼的鱼鳞

在显微镜下观察草鱼鱼鳞的顶区，就像是在鉴赏一匹金色的带条纹的绸缎。有几条"沟壑"把"绸缎"的条纹切断。这些条纹实际上是鳞片的轮纹，而"沟壑"其实是鳞片的辐射沟。在图 13-5 中，你还能看到某些较长的辐射沟，它们是初级辐射沟，起点来自鳞焦附近，而短的次级辐射沟是在靠近顶区附近才生成的。

我们再来观察草鱼鳞焦附近的结构（图13-6）。近10条初级辐射沟在鳞焦附近比较密集地向顶区方向延伸，犹如被强劲的风从右往左吹起的彩带，在鳞焦附近的顶区几乎看不到轮纹，反而是与鳞焦区域相似的由很多不规则小坑构成的具有金属光泽的片区，直到靠近顶区外侧，才能看到层叠的轮纹。

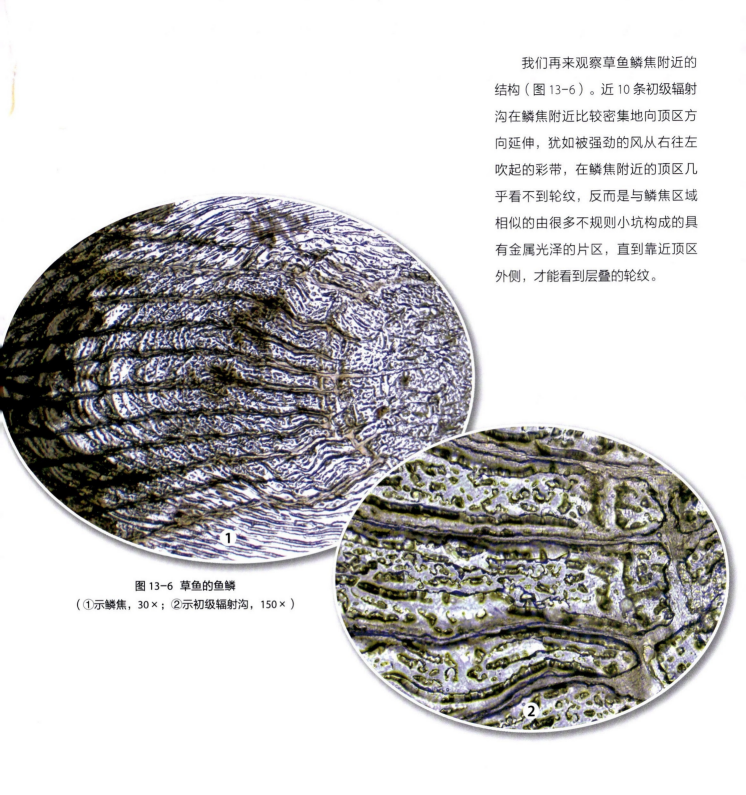

图13-6 草鱼的鱼鳞
（①示鳞焦，30×；②示初级辐射沟，150×）

鳙鱼的鱼鳞

观察图 13-7 鳙鱼的鳞片,你能联想到什么?手指上的"斗",大树的年轮,还是云南哀牢山的哈尼梯田?原来构成"梯田畦"的是金黄色的鳞片轮纹,而"水"则正是反光的鳞片表面。如果你再仔细观察,还能看出它的轮纹并不是同心圆,而是呈现蜗牛壳状的"渐开线",并且随着向外螺旋展开。这些轮纹还能不断分叉产生新的轮纹缠绕进来,所以某一侧的轮纹总是很密。鳙鱼鱼鳞的另一个特别之处在于,整片的鱼鳞几乎是看不到辐射沟的。

其实,鳞片轮纹的产生和鱼的生长快慢不均有关。春夏时节,水温较高,正是生长旺季,鱼类的食饵丰富,鱼类长得快,鳞片也随之长得快,产生很亮很宽的圈,造成轮纹之间的距离较大,称为"夏轮"。进入秋冬后水温开始下降,鱼类的觅食活动减少,生长速度变得缓慢。鳞片的生长也随之缓慢起来,从而产生很暗很窄的圈,圈与圈之间的距离较小,称为"冬轮"。这一宽一窄,就代表了一夏一冬。等到翌年鱼类的宽带重新出现时,窄带与宽带之间就出现了明显的分界线——轮纹。正因如此,轮纹可以看作鱼的"年轮"(注意:轮纹多少不一定与真实的年龄一一对应)。

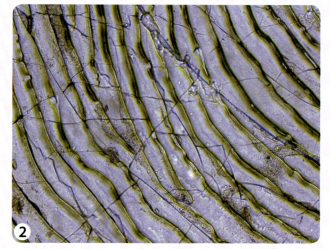

图 13-7 鳙鱼磷焦区域显微结构图

黄花鱼的鱼鳞

黄花鱼的鱼鳞（图13-8）给我们最大的印象，莫过于其密布的轮纹和近平行排列的辐射沟了。整体看上去有点像整齐的布满水渠的农田。再放大来看，我们还能看到轮纹上具有密密的齿状突起，且齿状突起向顶区方向倾斜。

认识了这么多种鱼鳞，现在你知道为什么鱼鳞对鱼来说如此重要了吧！

鱼鳞表面的辐射沟是与水流方向比较一致的，能减少水的阻力，这一点不难理解。但鳞片表面的凹坑，是否会增大阻力呢？研究发现相对于光滑表面，鱼鳞的凹坑表面虽然产生了额外的压差阻力，但同时也大幅降低了摩擦阻力，最终产生了减阻效果。

古有"鱼鳞铠甲"，说明人们已经发现了鱼鳞的保护作用并开始模仿。现今，随着人们对鱼鳞的研究越来越深入，暗藏在鱼鳞中的奥秘也逐渐被揭开。目前，人们正在利用鱼鳞的超薄、超轻、柔韧性高等特点，期望利用3D打印技术和特殊高强度材料研制防护效果更好的防弹衣！

鱼鳞是大自然给予鱼的"天然潜水服"，几千年来我们对于这个"天然潜水服"的研究与模仿从未停歇，即便如此，"天然潜水服"依然是一直被模仿，从未被超越！

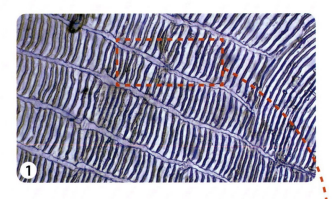
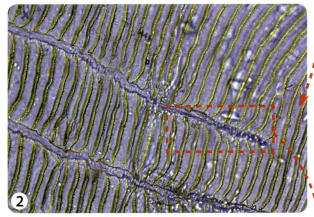
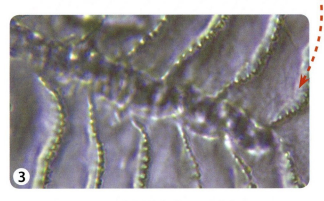

图13-8 黄花鱼鱼鳞前区显微结构图
（① 60×；② 150×；③ 600×）

14 鸟儿翱翔的利器——羽毛

"两个黄鹂鸣翠柳,一行白鹭上青天。"这是我们再熟悉不过的诗句,透过诗句,我们仿佛真切地体会到杜甫眼前的勃勃生机。鸟儿是天空的宠儿,它们每一次飞过,都会在空中划过美丽的弧线。我们多么希望能像鸟儿一样,自由自在地翱翔于天空。

羽毛是鸟能够飞翔的特殊结构。世界上羽毛最多的鸟是天鹅，超过 25000 根；羽毛最少的鸟是蜂鸟，不足 1000 根。对于鸟来说，羽毛的功能不仅限于飞行，孔雀美丽的尾羽拥有令人惊叹的多种颜色和形态，用来吸引异性，鸭和鹅身上密密的绒羽，可以帮它们抵御严寒……鸟的羽毛为何如此神通广大？这还要从羽毛的结构说起。

鸟的羽毛包括正羽、半正羽、绒羽、纤羽、须五种类型（图 14-1），哪怕是同一只鸟儿，我们也可以从它身上看到不同类型的羽毛（图 14-2）。

图 14-1　鸟的羽毛的类型

图 14-2　家鸽不同部位的羽毛

正羽

正羽是覆盖在鸟体外的大型羽毛,正羽由羽轴和羽片构成(图 14-3)。羽片是由羽轴上段两侧斜生平行的羽枝组成,每个羽枝再向两侧发出许多羽小枝。一侧的羽小枝上生有小钩,另一侧的羽小枝上有槽,使相邻的羽小枝互相钩连,形成结构紧密而具有弹性的羽片。

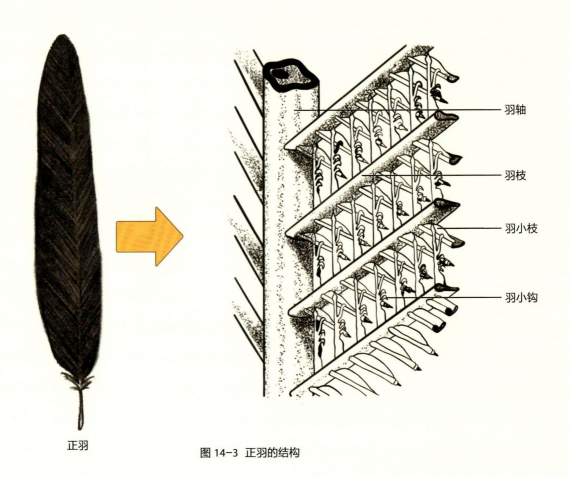

正羽

图 14-3 正羽的结构

鹰翱翔于天际,它翅膀上的正羽发挥着至关重要的作用(图 14-4)。

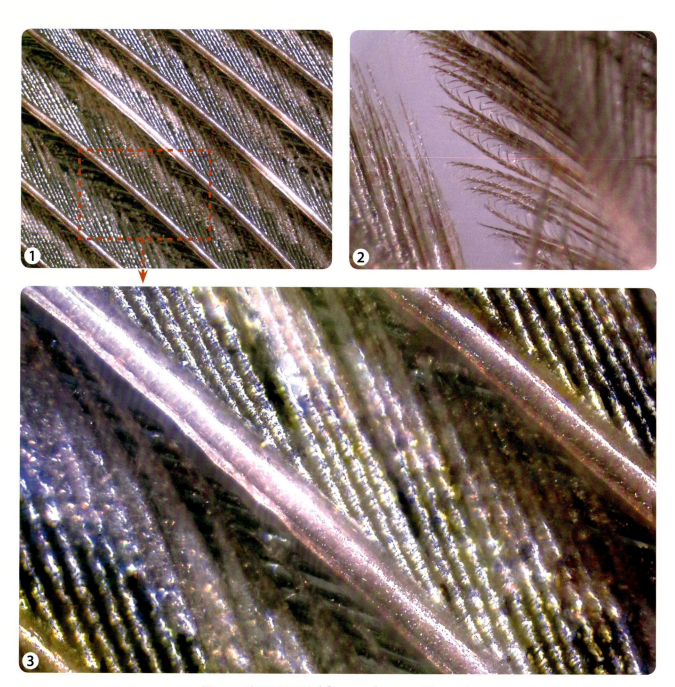

图 14-4 鹰正羽的羽枝(① 60×;② 150×;③ 150×)

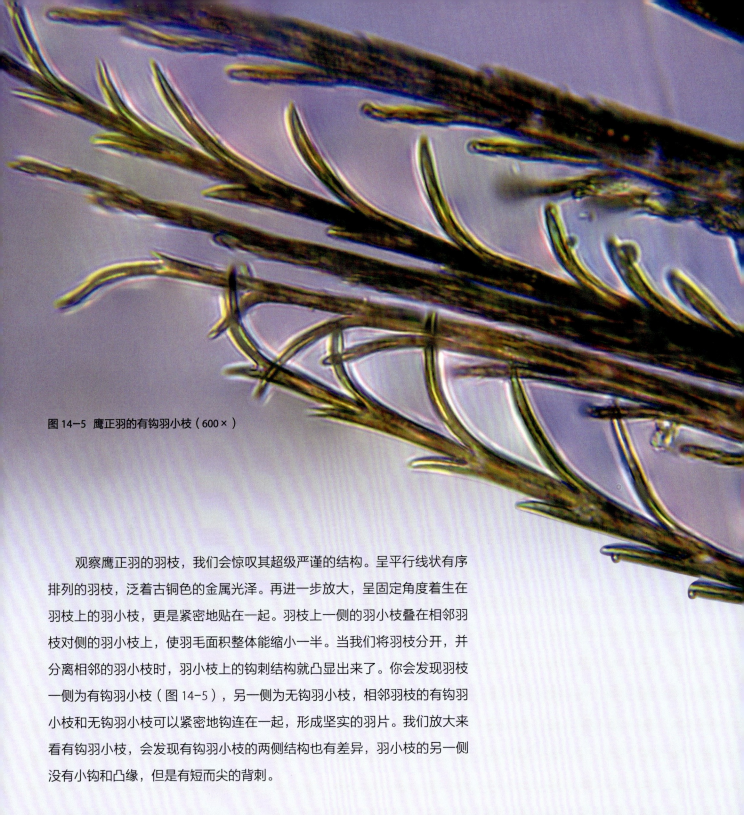

图 14-5 鹰正羽的有钩羽小枝（600×）

观察鹰正羽的羽枝，我们会惊叹其超级严谨的结构。呈平行线状有序排列的羽枝，泛着古铜色的金属光泽。再进一步放大，呈固定角度着生在羽枝上的羽小枝，更是紧密地贴在一起。羽枝上一侧的羽小枝叠在相邻羽枝对侧的羽小枝上，使羽毛面积整体能缩小一半。当我们将羽枝分开，并分离相邻的羽小枝时，羽小枝上的钩刺结构就凸显出来了。你会发现羽枝一侧为有钩羽小枝（图 14-5），另一侧为无钩羽小枝，相邻羽枝的有钩羽小枝和无钩羽小枝可以紧密地钩连在一起，形成坚实的羽片。我们放大来看有钩羽小枝，会发现有钩羽小枝的两侧结构也有差异，羽小枝的另一侧没有小钩和凸缘，但是有短而尖的背刺。

其他鸟的正羽也具有类似的结构（图14-6、图14-7）。

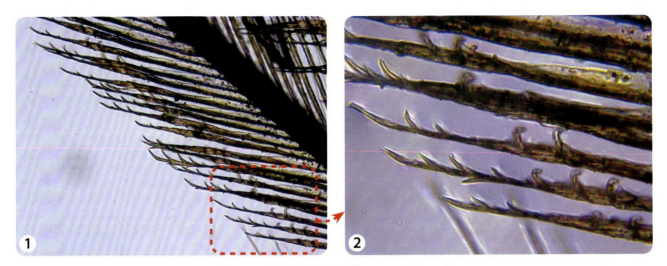

图14-6 麻雀正羽的羽枝（① 150×；② 600×）

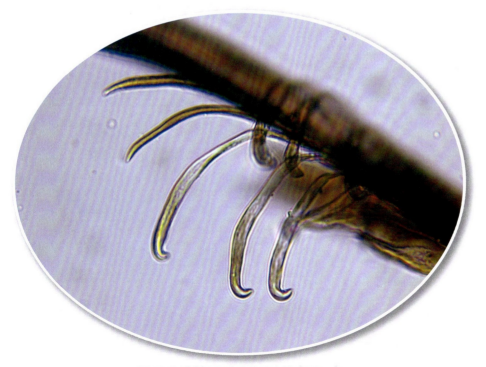

图14-7 喜鹊正羽的有钩羽小枝（600×）

正羽有飞翔、护体、保温等作用，不同种的鸟羽的羽小钩数量、纤毛数量及形态或多或少都会存在差异，可为物种的识别提供依据，也可以用来探究鸟的形态结构与生活习性的关系。

绒羽和纤羽

绒羽（图14-8）位于正羽下方，呈棉花状，主要作用是构成隔热层。相比于正羽，绒羽的羽轴短，羽枝柔软，丛生在羽轴的顶端；羽小枝细长，没有小钩，不形成羽片。绒羽密生在正羽的下面，有保温、护体等作用。纤羽的羽轴细而长，羽枝很少，生在羽轴顶端，多无羽小枝。纤羽散生在眼缘、喙基部和正羽的下面，有感觉、护体等作用。

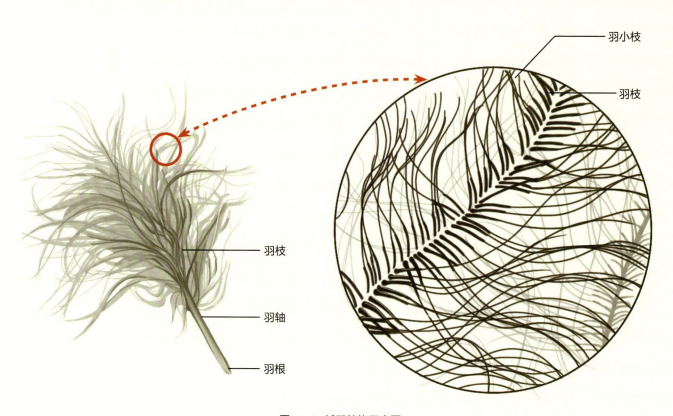

图 14-8　绒羽结构示意图

这几簇洁白的"银丝"非常夺目，它们是黄鹭绒羽的羽枝和羽小枝（图14-9）。绒羽的羽枝和羽小枝给我们的印象是比较松散的结构，在高倍镜下观察，绒羽的羽小枝没有类似正羽羽小枝的钩刺状结构，而是由一个个"光棍"构成的，每根羽小枝又是由多个小节接在一起构成，就像一根根竹节草。

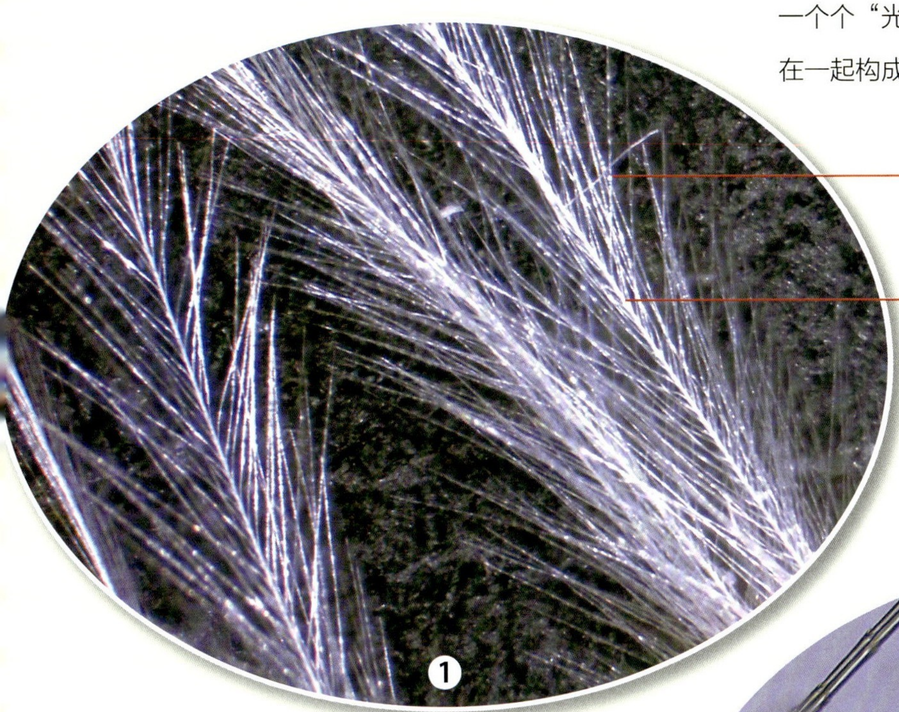

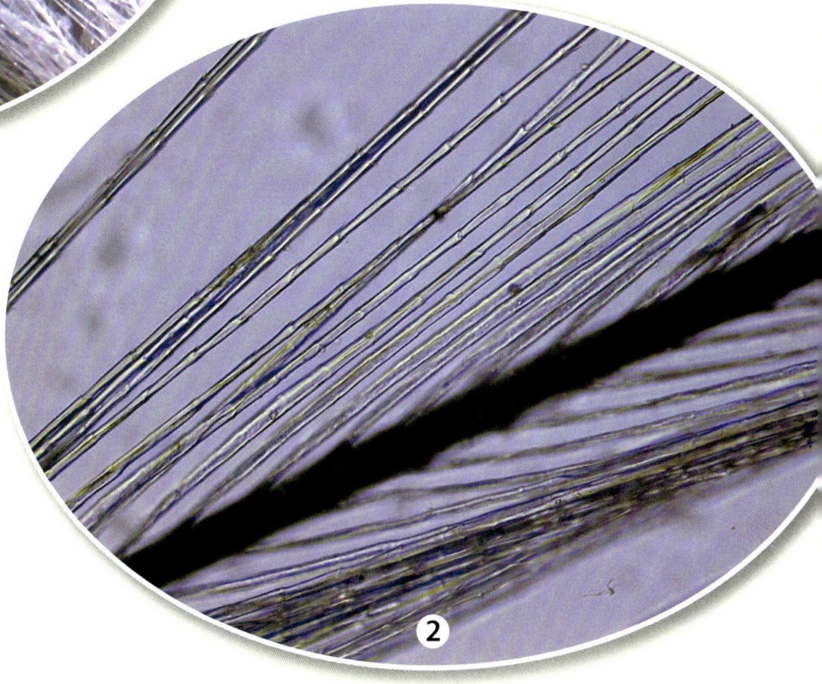

羽小枝

羽枝

图 14-9 黄鹭的绒羽（① 30×；② 150×）

我们再来观察麻雀的绒羽（图14-10），发现其羽小枝的结构与黄鹭的类似。不同的是麻雀羽小枝节的间距较短，且在节相接处有膨大和短小的突起，小突起犹如春天枝条上的嫩芽。

图14-10 麻雀的绒羽（① 60×；② 150×；③ 600×）

图14-11和图14-12分别是环颈雉和鹰的绒羽的羽小枝。与前两例放在一起比较，我们发现，绒羽的羽小枝总体结构类似，都是分节不分枝的结构。这样的结构使每根羽小枝在空间排列时相对自由，容易形成蓬松散乱的状态，有利于绒羽保温功能的实现。

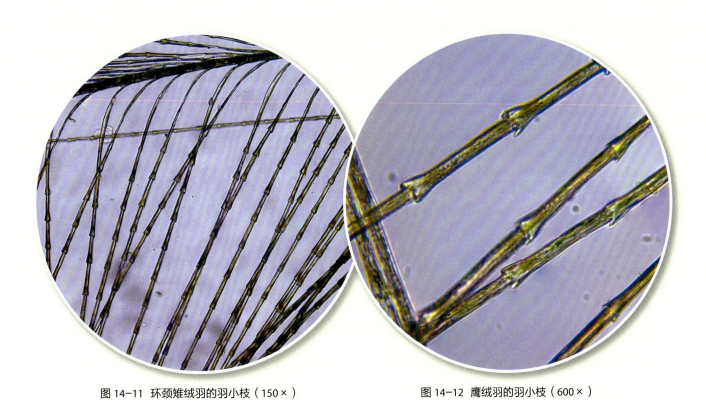

图 14-11　环颈雉绒羽的羽小枝（150×）　　　　图 14-12　鹰绒羽的羽小枝（600×）

不同种类的鸟的绒羽羽小枝在节的形状、粗细和节间距等方面存在明显差异，也可以作为种类鉴定的依据。随着研究的深入，不同种类的鸟在羽毛结构差异方面也会建立"指纹"库，有利于对鸟类尤其是珍稀濒危鸟类的保护。例如，某些鸟类是不法分子大肆捕猎的对象。虽然在盗猎现场会残留一些脱落的羽毛，但由于其外形特征信息较少，很难通过形态进行种类鉴定。若根据羽毛的微观结构特征确定被盗猎的种类，将会给案件侦查提供更多的科学依据。另外，研究鸟羽的结构还可以为考古、鸟的进化、仿生学等方面提供证据。

现在我们认识到，羽毛的功能与它们的结构密切相关。但仅仅了解其结构是远远不够的，对羽毛的全面认识，还需要从多个角度进行。例如，它们是如何生长，又是如何起源的？具体有哪些基因控制着鸟羽的结构与生长发育？对于鸟的羽毛的结构，你还有哪些问题或发现呢？欢迎一起来探索！

15 动物体内的高速公路——血管

一个成人体内的血管，大大小小加起来有1000多亿条，如果把它们首尾连接起来，约有10万千米，可以绕地球约两周半。血管是输送血液的管道，血液沿着血管在我们体内循环一周只需要20秒钟左右，速度惊人！

在自然界中，很多动物的血液运输（图15-1）与人体都是类似的——繁忙却有序。

图 15-1 小金蛙趾鳍处的血液运输（60×）

通过观察小金蛙（两栖动物，身体半透明，肉眼可见身体密布的血管。后肢有明显的趾鳍，薄而透明，血管明显）趾鳍处的血液运输，我们仿佛看到了繁忙的高速公路，血液在血管中高速流动，不仅给细胞带来了丰富的氧气和营养物质，同时又快速带走细胞产生的二氧化碳、尿素等代谢废物，以保证细胞正常的生命活动。

血液在血管中是如何流动的呢？要想清楚解释这个问题，我们首先要了解血管的构造：大多数动物的血管按构造、功能不同，分为动脉、静脉和毛细血管三种（图15-2）。其中动脉是指把血液从心脏送到全身各部分的血管；静脉是指将血液从全身各部分送回心脏的血管；毛细血管连接动脉与静脉，由单层上皮细胞组成，只允许红细胞单行通过。

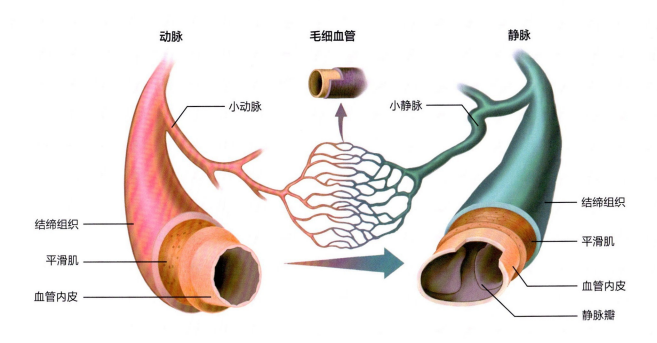

图 15-2 血管示意图

图 15-3 和图 15-4 向我们清晰地展示了动脉和静脉血管之间的区别与联系：动脉血管管壁较厚，弹性大，快速将血液运出心脏，由主干流向分支；静脉血管将血液运回心脏，管壁较薄，管内血流速度较慢，由分支流向主干。

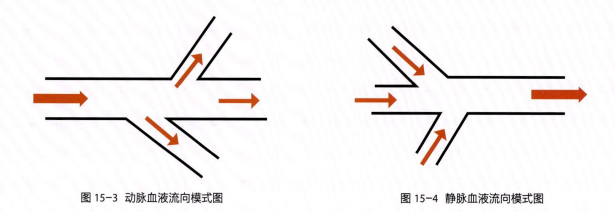

图 15-3　动脉血液流向模式图　　　　　　　　图 15-4　静脉血液流向模式图

毛细血管的管壁非常薄，只由一层细胞构成，内径小，只允许红细胞单行通过。毛细血管密布全身，相互交织连通构成毛细血管网（图 15-5）。

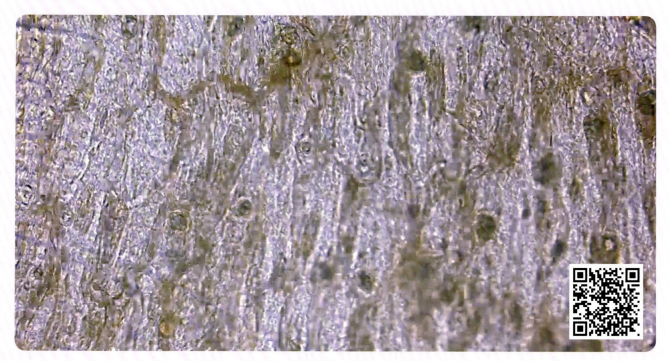

图 15-5　小金蛙趾鳍处错综复杂的毛细血管网（150×）

动脉与静脉通过心脏连通,毛细血管连接最小的动脉和静脉,全身血管构成封闭式管道(图15-6、图15-7)。

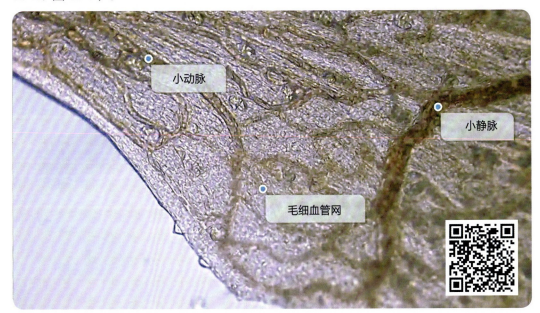

图 15-6 小金蛙趾鳍处的血液流动(150×)

图 15-7 小金鱼尾鳍处的血液流动(150×)

像小金蛙、小金鱼这样，血液由动脉连接毛细血管再接至静脉，最后回归心脏，这种血管形态称为闭锁式循环，哺乳动物、鸟、爬行动物、鱼等都是这种类型。与之相比，昆虫只有动脉，血液自动脉流出直接接触身体组织，再由心脏上的开孔回收血液，这种血管形态称为开放式循环。

可以看出，越高等的动物，血管和血液流动越复杂。但不管是哪种血管形态，血液的作用都非常重要，除运输物质外，还有以下功能。

1. 缓冲功能。由于血液的成分相对固定，对维持酸碱平衡和各种离子的平衡，具有重要作用。

2. 防御功能。血液中含有白细胞、淋巴细胞、抗体等各种物质，对外界各种病原微生物的入侵具有免疫作用。

3. 止血功能。血液中含有血小板、各种凝血因子，可以发挥止血作用。

由此可知，血管和血液对于动物而言是至关重要的，如果血液成分或流动过程出现不良变化，那么动物的正常生活就会受到严重影响。贫血、白血病、高血压等都是人体常见的血液及血管类型的疾病，对于人体来说，一旦这一"高速公路"系统出现问题，我们的健康会受到严重的威胁，甚至危及生命。

众多研究表明，健康的生活方式对于预防血液及血管类型的疾病具有重要意义。酗酒是不良生活方式之一，那么酗酒到底对我们的身体有什么样的伤害呢？在我们观察小金蛙时，需要用一定浓度的酒精溶液将其麻醉，以防止其跳动，影响观察效果。在这个过程中，酒精并不威胁小金蛙的生命，麻醉过后，小金蛙又可以正常生活。酒精对小金蛙真的没有影响吗？

让我们看一下酒精麻醉后小金蛙趾鳍处血液流动的变化（图15-8）。小金蛙趾鳍处部分毛细血管内的血细胞出现溶血现象，造成毛细血管堵塞，这种堵塞需要养殖一段时间才能消失。由此可见，酒精对血细胞有一定的损害作用，从而影响血液的运输，影响健康，甚至威胁生命。

图 15-8 小金蛙红细胞发生溶血（150×）

只有保证我们体内的"高速公路"有序工作，我们才能拥有健康的体魄。平衡膳食、科学运动、规律作息、保持乐观心态，都有助于保持心血管系统的健康。你还知道哪些健康的生活方式？让我们一起关注健康，热爱生命，享受生活！

印度圖嘉麗金龜

彩虹吉丁蟲